国家出版基金项目
NATIONAL PUBLICATION FOUNDATION

中国石油大学(华东)"211工程"建设
重点资助系列学术专著

复杂油气藏物理-化学强化开采
工程技术研究与实践丛书

卷四

复杂块状特低渗油藏储层改造与注采工程关键技术

KEY TECHNOLOGY STUDY ON THE RESERVOIR STIMULATION AND INJECTION-PRODUCTION
ENGINEERING IN THE COMPLICATED BLOCK EXTRA-LOW PERMEABILITY RESERVOIR

蒲春生 吴飞鹏 许洪星 谷潇雨 著

中国石油大学出版社
CHINA UNIVERSITY OF PETROLEUM PRESS

图书在版编目(CIP)数据

　　复杂块状特低渗油藏储层改造与注采工程关键技术/
蒲春生等著. —东营：中国石油大学出版社，2015.12
　　(复杂油气藏物理-化学强化开采工程技术研究与实
践丛书；4)
　　ISBN 978-7-5636-4968-6

　　Ⅰ. ①复…　Ⅱ. ①蒲…　Ⅲ. ①低渗透油气藏—油田开
发—研究　Ⅳ. ①TE348

　　中国版本图书馆 CIP 数据核字(2015)第 314077 号

书　　名：复杂块状特低渗油藏储层改造与注采工程关键技术
作　　者：蒲春生　吴飞鹏　许洪星　谷潇雨

责任编辑：秦晓霞(电话 0532—86983567)
封面设计：悟本设计

出　版　者：中国石油大学出版社(山东 东营　邮编 257061)
网　　　址：http://www.uppbook.com.cn
电子信箱：shiyoujiaoyu@126.com
印　刷　者：山东临沂新华印刷物流集团有限责任公司
发　行　者：中国石油大学出版社(电话 0532—86981531,86983437)
开　　　本：185 mm×260 mm　印张：12.5　字数：298 千字
版　　　次：2015 年 12 月第 1 版第 1 次印刷
定　　　价：70.00 元

"211工程"于1995年经国务院批准正式启动,是新中国成立以来由国家立项的高等教育领域规模最大、层次最高的工程,是国家面对世纪之交的国内国际形势而做出的高等教育发展的重大决策。"211工程"抓住学科建设、师资队伍建设等决定高校水平提升的核心内容,通过重点突破带动高校整体发展,探索了一条高水平大学建设的成功之路。经过17年的实施建设,"211工程"取得了显著成效,带动了我国高等教育整体教育质量、科学研究、管理水平和办学效益的提高,初步奠定了我国建设若干所具有世界先进水平的一流大学的基础。

1997年,中国石油大学跻身"211工程"重点建设高校行列,学校建设高水平大学面临着重大历史机遇。在"九五""十五""十一五"三期"211工程"建设过程中,学校始终围绕提升学校水平这个核心,以面向石油石化工业重大需求为使命,以实现国家油气资源创新平台重点突破为目标,以提升重点学科水平,打造学术领军人物和学术带头人,培养国际化、创新型人才为根本,坚持有所为、有所不为,以优势带整体,以特色促水平,学校核心竞争力显著增强,办学水平和综合实力明显提高,为建设石油学科国际一流的高水平研究型大学打下良好的基础。经过"211工程"建设,学校石油石化特色更加鲜明,学科优势更加突出,"优势学科创新平台"建设顺利,5个国家重点学科、2个国家重点(培育)学科处于国内领先、国际先进水平。根据ESI 2012年3月更新的数据,我校工程学和化学2个学科领域首次进入ESI世界排名,体现了学校石油石化主干学科实力和水平的明显提升。高水平师资队伍建设取得实质性进展,培养汇聚了两院院士、长江学者特聘教授、国家杰出青年基金获得者、国家"千人计划"和"百千万人才工程"入选者等一批高层次人才队伍,为学校未来发展提供了人才保证。科技创新能力大幅提升,高层次项目、高水平成果不断涌现,年到位科研经费突破4亿元,初步建立起石油特色鲜明的科技创新体系,成为国家科技创新体系的重要组成部分。创新人才培养能力不断提高,开展"卓越工程师教育培养计划"和拔尖创新人才培育特区,积极探索国际化人才的培养,深化研究生培养机制改革,初步构建了与创新人才培养相适应的创新人才培养模式和研究生培养机制。公共服务支撑体系建设不断完善,建成了先进、高效、快捷的公共服务体系,学校办学的软硬件条件显著改善,有力保障了教学、科研以及管理水平的提升。

17年来的"211工程"建设轨迹成为学校发展的重要线索和标志。"211工程"建设所取得的经验成为学校办学的宝贵财富。一是必须要坚持有所为、有所不为,通过强化特色、突出优势,率先从某几个学科领域突破,努力实现石油学科国际一流的发展目标。二是必须坚持滚动发展、整体提高,通过以重点带动整体,进一步扩大优势,协同发展,不断提高整体竞争力。三是必须坚持健全机制、搭建平台,通过完善"联合、开放、共享、竞争、流动"的学科运行机制和以项目为平台的各项建设机制,加强统筹规划、集中资源力量、整合人才队伍,优化各项建设环节和工作制度,保证各项工作的高效有序开展。四是必须坚持凝聚人才、形成合力,通过推进"211工程"建设任务和学校各项事业发展,培养和凝聚大批优秀人才,锻炼形成一支甘于奉献、勇于创新的队伍,各学院、学科和各有关部门协调一致、团结合作,在全校形成强大合力,切实保证各项建设任务的顺利实施。这些经验是在学校"211工程"建设的长期实践中形成的,今后必须要更好地继承和发扬,进一步推动高水平研究型大学的建设和发展。

为更好地总结"211工程"建设的成功经验,充分展示"211工程"建设的丰富成果,学校自2008年开始设立专项资金,资助出版与"211工程"建设有关的系列学术专著,专款资助石大优秀学者以科研成果为基础的优秀学术专著的出版,分门别类地介绍和展示学科建设、科技创新和人才培养等方面的成果和经验。相信这套丛书能够从不同的侧面、从多个角度和方向,进一步传承先进的科学研究成果和学术思想,展示我校"211工程"建设的巨大成绩和发展思路,从而对扩大我校在社会上的影响,提高学校学术声誉,推进我校今后的"211工程"建设发挥重要而独特的贡献和作用。

最后,感谢广大学者为学校"211工程"建设付出的辛勤劳动和巨大努力,感谢专著作者孜孜不倦地整理总结各项研究成果,为学术事业、为学校和师生留下宝贵的创新成果和学术精神。

中国石油大学(华东)校长

2012年9月

在世界经济发展和国内经济保持较快增长的背景下,我国石油需求持续大幅度上升。2014 年我国石油消费量达到 $5.08×10^8$ t,国内原油产量为 $2.1×10^8$ t,对外依存度接近 60%,预计未来还将呈现上升态势,国家石油战略安全的重要性愈加凸显。

经过几十年的勘探开发,国内各大油田相继进入开采中后期,新发现并投入开发的油田绝大多数属于低渗、特低渗、致密、稠油、超稠油、异常应力、高温高压、海洋等难动用复杂油气藏,储层类型多、物性差,地质条件复杂,地理环境恶劣,开发技术难度极大。多年来,蒲春生教授率领课题组在异常应力构造油藏、致密砂岩油藏、裂缝性特低渗油藏、深层高温高压气藏和薄层疏松砂岩稠油油藏等复杂油气藏物理-化学强化开采理论与技术方面进行了大量研究工作,取得了丰富的创新性成果,并在生产实践中取得了良好的应用效果。尤其在异常应力构造油藏大段泥页岩井壁失稳与多套压力系统储层伤害物理-化学协同控制机制、致密砂岩油藏水平井纺锤形分段多簇体积压裂、水平井/直井联合注采井网渗流特征物理与数值模拟优化决策、深层高温高压气藏多级脉冲燃爆诱导大型水力缝网体积压裂动力学理论与工艺技术、裂缝性特低渗油藏注水开发中后期基于流动单元/能量厚度协同作用理论的储层精细评价技术和裂缝性水窜水淹微观动力学机理与自适应深部整体调控技术、薄层疏松砂岩稠油油藏注蒸汽热力开采"降黏-防汽窜-防砂"一体化动力学理论与配套工程技术等方面的研究成果具有原创性。在此基础上,将多年科研实践成果进行了系统梳理与总结凝练,同时全面吸收相关技术领域的知识精华与矿场实践经验,形成了这部《复杂油气藏物理-化学强化开采工程技术研究与实践丛书》。

该丛书理论与实践紧密结合,重点论述了涉及异常应力构造油藏大段泥页岩井壁稳定与多套压力系统储层保护问题、致密砂岩油藏储层改造与注采井网优化问题、裂缝性特低渗油藏水窜水淹有效调控问题、薄层疏松砂岩稠油油藏高效热采与有效防砂协调问题等关键工程技术的系列研究成果,其内容涵盖储层基本特征分析、制约瓶颈剖析、技术对策适应性评价、系统工艺设计、施工参数优化、矿场应用实例分析等方面,是从事油气田开发工程的科学研究工作者、工程技术人员和大专院校相关专业师生很好的参考书。同时,该丛书的出版也必将对同类复杂油气藏的高效开发具有重要的指导和借鉴意义。

中国科学院院士

2015 年 10 月

随着常规石油资源的减少,低渗、特低渗、稠油、超稠油、致密以及异常应力构造、高温高压等复杂难动用油气藏逐步成为我国石油工业的重要接替储量,但此类油气藏开发难度大且成本高,同时油田的高效开发与生态环境协调可持续发展的压力越来越大,现有的常规强化开采技术已不能完全满足这些难动用油气资源高效开发的需要。将现有常规采油技术和物理法采油相结合,探索提高复杂油气藏开发效果的新方法和新技术,对促进我国难动用油气藏单井产能和整体采收率的提高具有十分重要的理论与实践意义。

自20世纪90年代以来,蒲春生教授带领科研团队基于陕甘宁、四川、塔里木、吐哈、准噶尔等西部油气田地理条件恶劣、生态环境脆弱以及油气藏地质条件复杂的具体情况,建立了国内唯一一个专门从事物理法和物理-化学复合法强化采油理论与技术研究的"油气田特种增产技术实验室"。2002年,"油气田特种增产技术实验室"被批准为"陕西省油气田特种增产技术重点实验室"。2006年,开始筹建中国石油大学(华东)油气田开发工程国家重点学科下的"复杂油气开采物理-生态化学技术与工程研究中心"。经过多年的科学研究与工程实践,该科研团队在复杂油气藏强化开采理论研究和工程实践上取得了一系列特色鲜明的研究成果,尤其在异常应力构造大段泥页岩井壁稳定防控机制与储层伤害液固耦合微观作用机制、致密砂岩储层分段多簇体积压裂、水平井与直井组合井网下的渗流传导规律及体积压裂裂缝形态的优化决策、深层高温高压气藏多级脉冲深穿透燃爆诱导体积压裂裂缝延伸动态响应机制、裂缝性特低渗储层裂缝尺度动态表征与缝内自适应深部调控技术、薄层疏松砂岩稠油油藏注蒸汽热力开采综合提效配套技术等方面获得重要突破，并在生产实践中取得了显著效果。

在此基础上，他们将多年科研实践成果进行系统梳理与总结凝练，并吸收相关技术领域的知识精华与矿场实践经验，写作了这部《复杂油气藏物理-化学强化开采工程技术研究与实践丛书》，可为复杂油气藏开发领域的研究人员和工程技术人员提供重要参考。这部丛书的出版将会积极推动复杂油气藏物理-化学复合开采理论与技术的发展，对我国复杂油气资源高效开发具有重要的社会意义和经济意义。

中国工程院院士

韩大匡

2015 年 10 月

PREFACE | 前　言

　　随着我国陆上主力常规油气资源逐渐进入开发中后期，复杂油气资源的高效开发对于维持我国石油工业稳定发展、保障石油供应平衡、支撑国家经济可持续发展、维护国家战略安全均具有重要意义。异常应力构造储层、致密砂岩储层、裂缝性特低渗储层、深层高温高压储层、薄层疏松砂岩稠油储层是近年来逐步投入规模开发的几类重要复杂油气资源。在这些油藏的钻井、储层改造、井网布置、水驱控制、高效开发等各环节均存在突出的技术制约，主要体现在异常应力构造储层的井壁稳定与储层保护问题和致密砂岩储层的储层改造与井网优化问题、裂缝性特低渗储层的水驱有效调控问题、疏松砂岩储层的高效热采与有效防砂协调问题等。由于这些复杂油气藏自身的特殊性，一些常规开发技术方法和工艺手段的应用受到了不同程度的限制，而新兴的物理-化学复合方法在该类储层开发中体现出较强的适用性。由此，突破常规技术开发瓶颈，系统梳理物理-化学复合开发技术，完善矿场施工配套工艺等，对于提高复杂油气资源开发的效率和效益具有十分重要的意义。

　　基于上述复杂油气藏的地质特点和开发特征，将现有常规采油技术与物理法采油相结合，探索提高复杂油气藏开发水平的新思路与新方法，必将有效地促进上述几类典型难动用油气藏单井产量与采收率的提高，减少油层伤害与环境污染，提高整体经济效益和社会效益。1987年以来，作者所带领的科研团队一直致力于储层液/固体系微观动力学、储层波动力学、储层伤害孔隙堵塞预测诊断与评价、裂缝性水窜通道自适应调控、高能气体压裂强化采油、稠油高效开发等复杂油气藏物理-化学强化开采基本理论与工程应用方面的研究工作。在理论研究取得重要认识的基础上,逐步形成了异常应力构造泥页岩井壁稳定、储层伤害评价诊断与防治、致密砂岩油藏水平井/直井复合井网开发、深层高温高压气藏多级脉冲燃爆诱导大型水力缝网体积压裂、裂缝性特低渗油藏水窜水淹自适应深部整体调控、薄层疏松砂岩稠油油藏注蒸汽热力开采"降黏-防汽窜-防砂"一体化等多项创新性配套工程技术成果,并逐步在矿场实践中获得成功应用。特别是近十年来,项目组的研究工作被列入了国家西部开发科技行动计划重大科技攻关课题"陕甘宁盆地特低渗油田高效开发与水资源可持续发展关键技术研究(2005BA901A13)"、国家科技重大专项课题"大型油气田及煤层气开发(2008ZX05009)"、国家863计划重大导向课题"超大功率超声波油井增油技术及其装置研究(2007AA06Z227)"、国家973计划课题"中国高效气藏成藏理论与低效气藏高效开发基础研究"三级专题"气藏气/液/固体系微观动力学特征(2001CB20910704)"、国家自然科学基金课题"油井燃爆压裂中毒性气体生成与传播规律研究(50774091)"、教育部重点科技攻关项目"振动-化学复合增产技术研究(205158)"、中国石油天然气集团公司中青年创新基金项目"低渗油田大功率弹性波层内叠合造缝与增渗关键技术研究(05E7038)"、中国石油天然气股份公司风险创新基金项目"电磁采油系列装置研究与现场试验(2002DB-23)"、陕西省重大科技攻关专项计划项目"陕北地区特低渗油田保水开采提高采收率关键技术研究(2006KZ01-G2)"和陕西省高等学校重大科技攻关项目"陕北地区低渗油田物理-化学复合增产与提高采收率技术研究(2005JS04)",以及大庆、胜利、吐哈、长庆、延长、辽河、大港、塔里木、吉林、中原等石油企业的科技攻关项目和技术服务项目,使相关研究与现场试验工作取得了重要进展,获得了良好的经济效益与社会效益。在作者及合作者近30年研究工作积累的基础上,结合前人有关的研究工作,总结撰写出《复杂油气藏物理-化学强化开采工程技术研究与实践丛书》。在作者多年的研究工作和本丛书的撰写过程中,自始至终得到了郭尚平院士、王德民院士、韩大匡院士、戴金星院士、罗平亚院士、袁士义院士、李佩成院士、张绍槐教授、葛家理教授、张琪教授、李仕伦教授、陈月明教授、赵福麟教授等前辈们的热心指导与无私帮助,并得到了中国石油大庆油田、辽河油田、大港油田、新疆油田、塔里木油田、吐哈油田、长庆油田,中国石化胜利油田、中原油田,中海油渤海油田,以及延长石油集团等企业的精诚协作与鼎力支持,在此特向他们致以崇高的敬意和由衷的感谢。

本书为丛书的第四卷,全面系统地介绍了复杂块状特低渗油藏储层改造与注采工程关键技术。

复杂块状特低渗油藏由于其储层厚度大,开发过程中流体的重力分异明显,水驱过程中的波及体积偏低,油层动用状况差。同时,由于启动压力的存在,加之低渗透油田一般润湿性表现为亲水性,束缚水饱和度高,油相的相对渗透率下降快,两相流动区域窄,在注水井附近形成高压区,注水压力上升较快,有效压差变小,导致"注不进、采不出",稳产难度大。

作者带领科研团队在复杂块状特低渗油藏储层改造与注采工程关键技术方面开展了长期的研究工作,并在以下方面取得了一些重要进展:

(1)对处于低含水、低采出程度开发阶段的复杂块状特低渗油藏,通过区块开发现状研究，系统分析了区块注水开发可能存在的问题，并提出了解决对策。

（2）以 HA 长 8 为例，在对复杂块状特低渗油藏燃爆诱导前置酸压裂关键技术储层适应性研究的基础上，建立了水力压裂、燃爆压裂及燃爆诱导压裂产能预测模型，评价了燃爆诱导前置酸压裂对复杂块状特低渗油藏的适应性。

（3）建立了爆燃压裂过程动力学模型，研发了爆燃诱导酸压优化设计软件，设计了燃爆压裂方案，优化了最佳的裂缝参数（缝长和导流能力），并借助水力压裂软件对预存在燃爆裂缝下的水力压裂技术进行了优化设计。

（4）揭示了高效缓速低伤害前置酸抑制沉淀和延缓酸岩反应的作用机理，开发了主要的功能添加剂，优选出了高效缓速低伤害前置酸体系的酸液类型和酸液浓度，并筛选出性能良好的辅助添加剂，形成了高效缓速低伤害前置酸酸液配方和主体酸配方。

（5）基于成熟压裂体系研发了集助排、防膨、起泡和低伤害等于一体的多功能增效剂，可把常规水基压裂液改造成超低伤害类清洁压裂液，并以现场压裂液配方为基础，提出了一种具有生热、升压、降滤失、破胶迅速彻底及增能助排等能力的新型类泡沫压裂液。

（6）通过复杂块状特低渗油藏高效注采工艺技术油藏适应性研究与工艺参数优化研究，提出了分抽合采技术，并对注采开发参数进行了优化设计。

全书共分 8 章。第 1 章阐述复杂块状特低渗油藏储层改造与注采问题；第 2 章分析复杂块状特低渗油藏地质特征及开发现状；第 3 章阐述复杂块状特低渗油藏储层敏感性与渗流特征；第 4 章论述复杂块状特低渗油藏燃爆诱导前置酸压裂技术适应性；第 5 章介绍复杂块状特低渗油藏燃爆诱导前置酸压裂改造工艺技术；第 6 章论述复杂块状特低渗油藏储层复合改造高效酸压裂液体系；第 7 章介绍复杂块状特低渗油藏高效注采工艺技术；第 8 章简述复杂块状特低渗油藏复合改造注水效果预测及关键技术展望。

本书可供从事油气田开发工程、石油开发地质等方面工作的科研工作者和工程技术人员参考，也可以作为相关专业领域的博士、硕士研究生和高年级大学生的参考教材。

本书内容主要基于作者及所领导的科研团队取得的研究成果，同时也参考了近年来国内外同行专家在这一领域公开出版或发表的相关研究成果，相关参考资料已列入参考文献之中，特做此说明，并对这些资料的作者致以诚挚的谢意。

中国石油大学（华东）油气田开发工程国家重点学科"211 工程"建设计划、985 创新平台建设计划和中国石油大学出版社对本书的出版给予了大力支持和帮助，在此表示衷心的感谢。本书的出版还得到了国家出版基金和中国石油大学（华东）"211 工程"建设学术著作出版基金的支持，在此一并表示感谢。

目前，复杂块状特低渗油藏储层改造与注采工程技术在诸多方面仍处于研究发展阶段，加之作者水平有限和经验不足，书中难免有缺点和错误，欢迎同行和专家提出宝贵意见。

作　者

2015 年 8 月

CONTENTS | **目 录**

第1章 复杂块状特低渗油藏储层改造与注采问题

目前,特低渗储量在中国石油已探明储量和未动用储量中占相当大的比例,对我国石油产量自给水平的提升有着十分重要的意义,如何合理地开发该类油藏已成为低渗油藏工作者面临的一个重要问题。因此,开展特低渗油藏开发方式优化研究,提高特低渗油藏的动用率和采收率对我国石油工业的发展具有重要的意义。

1.1 复杂块状特低渗油藏特征

1.1.1 地质特征

复杂块状特低渗油藏的主要地质特征是:

(1)储量大,物性差。在我国,一半以上的低渗油藏属于特低渗油藏,渗透率为$(1\sim10)\times10^{-3}\mu m^2$。在低渗透砂岩储层中,一般黏土和碳酸盐胶结物比较多、岩屑含量较高,孔隙度小于20%的储量占85%以上,孔隙度小于10%的储量占一半左右。

(2)油藏类型单一。在我国,低渗油藏以弹性驱动油藏为主,大部分属于常规油藏,60%以上的储量存在于岩性油藏和构造-岩性油藏两种类型中。

(3)孔喉细小,溶蚀孔发育。低渗储层以粒间中小孔隙为主,喉道半径大多数小于1.5μm,溶蚀孔隙相对比较发育,非有效孔隙所占比例较大,导致储层渗透性较差。

(4)储层非均质性严重。不同微相之间储层渗透率差异较大,主要是由于水进、水退形成储层纵向上的沉积旋回规律变化,储层在压实作用、溶蚀作用和胶结作用共同影响下,孔隙度和渗透率不断发生变化。

(5)裂缝发育。在我国,低渗储层中常常成组出现分布比较规则的构造裂缝,这些裂缝产状以高角度为主,切穿深度大、宽度小,渗透率变化范围较大。

(6)束缚水饱和度高。低渗油藏一个重要特点就是油层束缚水饱和度高,有些储层高达60%,一般在30%~50%之间。

(7)储层敏感性强。在低渗砂岩油藏储层中,黏土和基质含量高、成岩作用强、碎屑颗粒分选差、孔喉较小,容易造成各种损害。

（8）原油性质好。低渗油藏原油一般具有黏度小、密度小、胶质沥青质含量低的特点，它们的含蜡量和凝固点高，原油性质好是一个很重要的有利开发因素。

1.1.2　开发特征

复杂块状特低渗油藏的主要开发特征是：

（1）天然能量低，产量和一次采收率低。渗流阻力大、岩性致密导致在开发过程中需要很大的生产压差，油井的自然产能较低，大部分需要压裂增产工艺才能获得开采价值。依靠天然能量阶段，年递减率高，地层压力下降快，一次采收率低。为了高产稳产从而获得较大的采收率，对低渗透油田一般采用人工保持压力的方式进行开采。

（2）注水压力上升快，需要增产增注措施。由于启动压力的存在，低渗油藏呈现非线性渗流特征，随着渗透率减小，启动压力增大。为了提高注水量，一般通过提高注水压力来实现，但是有些地层与水质不配伍导致黏度矿物膨胀，吸水指数下降，注水压力上升较快，只能靠采用增产增注措施来提高注水量。

（3）生产井见注水效果差，低压、低产现象严重。其中一个原因是注水井和油井之间渗流阻力较大，导致生产井见效慢、效果差；生产井难以见效的另一个原因就是，在注水井附近形成高压区，注水压力上升较快，有效压差变小，注水量减少，导致"注不进、采不出"现象的出现。

（4）稳产难度大。低渗透油田一般润湿性表现为亲水性，束缚水饱和度高，油相的相对渗透率下降快，两相流动区域窄，油藏见水后采液指数下降快。为了延长稳产年限，需要全面考虑、仔细研究相应措施来达到提液的目的。

（5）裂缝性油田吸水能力强，水驱各向异性明显。裂缝性油田启动压力低，吸水能力强，利用压力恢复曲线计算得到的有效渗透率是空气渗透率的十几倍，有的是几十倍。在指示曲线拐点以下，吸水量平稳变化，超过拐点，吸水量急剧增加，因此注水压力应控制在拐点以下。对于生产井来说，裂缝两侧见效较好，但是沿着裂缝方向，水窜严重，应采取相应措施控制水窜。

1.2　国内外技术现状

1.2.1　特低渗油藏渗流机理研究

法国工程师达西在研究地下水开发时，发现了线性渗流规律，并以自己的名字命名提出达西定律。在低渗透多孔介质中，大比面和微小的孔道改变了固体表面流体运动的性质，随着渗透率变小，这种改变越来越明显，出现了非达西渗流。流体在低渗油藏中流动时，存在启动压力，有些人认为是边界层存在的结果。国内外的学者对低渗油藏中非达西渗流做了大量的研究。阎庆来在实验的基础上提出低渗油层中单相流体的非达西渗流规律，在低速下渗流是非线性的，渗透率越低，这种非线性程度越大；在高速渗流时，渗流表现为存在启动压力梯度的拟线性流。黄延章在总结大量实验数据的基础上，概括了低渗储层油水两相渗流的基本特征，渗流曲线在压力梯度较小的情况下呈现凹型非达西渗流曲线，在压力梯度较大时，它与渗流速度呈直线变化，直线的延长线与压力梯度轴的交点被称为拟启动压力梯度。姚约东通过引入雷诺数判定流态,认为流态跟岩心的比面、孔隙度、渗流速度和流体黏度有关。Wu 等给出了多孔介质中气体稳态流动和非稳态流动的解析解。Turgay Ertekin 和 King G. R. 建立了气体渗流模型,详细地讨论了滑脱系数的影响。Jones&Owens, Sampath&Keighin 和 Rushing 在大量实验的基础上,提出了滑脱因子的估算相关式。郭平认为在低压条件下,气体在多孔介质中存在滑脱效应,但实际气藏废气压力高,可以忽略它的影响。与中高渗透油层相比,低渗透油层在相渗透率曲线上表现出的主要特点为:① 原始含油饱和度低,束缚水饱和度高;② 残余油饱和度高;③ 油相相对渗透率下降快;④ 两相流动范围窄;⑤ 水相渗透率上升慢,最终值低;⑥ 由此而产生的结果是见水后产液(油)指数大幅度下降;⑦ 驱油效率低。

1.2.2　复杂块状特低渗油田主要开发措施

(1) 采用高效射孔技术。为了提高低渗油藏生产井的生产能力和完善程度,可以采用高效复合射孔技术[1],它将传统的单纯射孔、清堵造缝、裂缝延伸分别由三个独立装药过程来完成,这项技术可以降低油层破裂压力,改善压裂效果。

(2) 确定合理井网部署方案。建立较大的驱动压力梯度和有效的驱动体系是油田开发最重要的工作之一。对于低渗油田,应该在经济条件允许的前提下,加大井网密度,缩小井距。这样可使低渗油田开发在保持较快的开采速度的同时提高采油效率。

(3) 优选富集区块。在油田开发概念设计的指导下,采用先进的科学手段,对油层进行研究评价。优选出储量丰度高、发育较好的有利区块进行首先开发,然后逐步扩大开发规模。

(4) 采用总体压裂优化设计和实施技术。低渗油田的开发,最根本的工艺技术就是压裂。整体压裂优化设计就是把整个油藏作为工作单元,在充分考虑非均质性的基础上,对水力裂缝和油藏组合进行优化,预测水力压裂对不同开发阶段动态变化和驱油效率的影响,为压裂设计方案提供依据。

(5) 采用深抽工艺技术。加大抽油深度,扩大生产压差,可以提高产液量,对于低渗油田来说,这样可以有效控制产液指数递减幅度,保持相对稳定的产液量。

(6) 早期注水保持地层压力。早期注水能够有效地保持地层压力,解决低渗油田天然能量小的问题。在开发油田时,先打注水井,排液之后,注水井转注的同时油井进行生产,注采同步。对于没有裂缝的低渗储层,可以适当地提高注采比来保持地层压力;对于弹性能量大或者高压异常的储层,首先利用天然能量开采,待压力降至饱和压力附近时注水,这样既可以采出较多的无水原油,又有利于注水工程的实施。

(7) 注气开发。20 世纪初,美国首先开始室内研究注气开采技术。一个世纪以来,注气开采技术广泛应用在油田开发中,取得了较好的效果。在注气开采技术方面处于领先的是美国和加拿大。从 1972 年到 1987 年的 15 年间,美国应用 CO_2 混相驱矿场试验 54 个,非混相驱矿场试验 28 个,大多获得了较高的利润。在美国,注 CO_2 项目的成本在 1985 年为每桶石油 18.20 美元,而在 1995 年下降到了每桶 10.25 美元。注 CO_2 开发可以提高采收率 8%～15%。由于受气源和油藏自身条件的制约,我国进行注气开发的油田非常少,目前只有江苏、长庆和吉林等少数油田进行了规模较小的 CO_2 驱和天然气驱现场试验,矿场试验和理论都证明了注气开发的优越性。

1.2.3 复杂块状特低渗油藏储层改造技术现状

以往储层改造属于采油过程中的附属工艺,是勘探试油和开发采油的一个小环节,而目前已成为一项独立的大型系统工程,需要多学科协作、多工种联合。20 世纪的储层改造基本上停留在单井单层、单井多层压裂改造的水平上,主要作为增产改造措施和解除近井地带地层的伤害、增大近井油气层渗流能力、提高单井产量的进攻性手段。进入 21 世纪后,水平井分段压裂、缝网压裂、体积压裂技术迅速得到发展且成为主流,"十一五"期间我国年均改造井数达到15 800 口,年均作业井次比 2005 年增加了 237%。不仅工作量增加,用于储层改造的花费也大大增加。过去,用于储层改造的投资很少,对于探井而言,压裂仅仅是试油技术作业中的一部分,试油投资仅为建井投资的 20% 以内(压裂投资更少,一般仅数十万元到 100 多万元);对于开发井而言,压裂仅仅是提高单井产量的作业措施,一般费用仅几万元到数十万元。现在,用于储层改造方面的费用大大增加[2]。美国储层改造加上完井花费占建井总投资的三分之二,钻井与井场费用仅占三分之一。中国部分地区储层改造的投资也已经接近钻井投资,在完全使用国产工具的情况下,投资接近 50%。例如,吉林油田 168 区块水平井单井投资 1 327 万元,其中钻井总投资 688 万元,压裂投产投资 579 万元,相当于钻井投资的 80%。

近年来,国家相关部门对储层改造技术给予了特别的重视,设置了多个攻关项目,如国家科技部的"低渗、特低渗油气田经济开发关键技术研究"(2008—2015 年)、中石油集团公司的"低渗、特低渗油藏有效开发技术研究"(2008—2013 年)、中石油股份公司的"水平井低渗透改造重大攻关项目"(2006—2010 年)和"油气藏改造技术重大现场攻关试验"(2011—2013 年)等。这些都为储层改造的技术进步创造了良好的条件。

储层的有效改造已成功实现了从低渗油藏逐渐向特低渗和超低渗油藏的拓展,苏里格等气藏已经发展到致密气的开发。鄂尔多斯盆地致密油藏分布广泛,以长 7 为主,油层渗透率小于 $0.3 \times 10^{-3} \mu m^2$,采用常规技术单井产量不到 1 t/d。2011 年,针对长 7 致密油层,在马岭油田西 233 井区开展了水平井体积压裂,截止到 2013 年完试 5 口井,试排产量均达百立方米以上,投产以后高产稳产,使这里的资源量转化为可开采的经济储量。

1)高能气体压裂技术

(1)基本原理。

高能气体压裂是在爆炸压裂技术上逐步发展起来,并在 20 世纪 90 年代兴起的一项新技术。它是利用推进剂在井筒内快速燃烧,有控制地生成大量高温高压气体,沿射孔进入地层,形成多条不受地应力限制的径向裂缝,沟通天然裂缝,并且由于压裂过程中的负压作用、脉冲作用和热化学作用等,可以有效清除近井地带由于钻井、射孔和各种措施造成的污染和堵塞,改善近井地带渗流环境,达到油气井增产、注水井增注的目的。

根据火药燃烧规律,火药的燃烧速度受压力影响很大。在井筒内,由于压井液压挡和井筒套管的约束,推进剂被引燃后快速燃烧,压力迅速上升。此时升压速度远远大于泄压速度,当压力高于地层破裂压力时,岩石屈服破裂产生多条随机裂缝,高压气体进入裂缝,进一步延伸裂缝。当泄压速度大于升压速度时,压力不再上升;当压力低于破裂压力时,不再有新裂缝产生。理论和试验证明,压力上升速度决定裂缝形成数量,压力作用时间影响形成的裂缝长度,峰值压力的控制是保护套管的关键。因此,根据不同油井情况,通过确定合理的装药结构,控制压力上升速度和峰值压力,加大装药量,延长压力作用时间,从而达到有效保护套管和良好的地层改造效果的目的。高能气体压裂有三种装药方式:钢壳弹、无壳弹和液体药。目前,无壳弹在安全性、实用性、改造效果和工艺成熟度方面都比较完善。无壳弹通过调整初始点火面积和传火速度来控制弹体燃烧;采用多级装药以增加装药量,前几级采用快燃速火药,达到快速升压、压开多条裂缝的目的,后几级采用慢燃速火药,延长压力作用时间,从而使产生的裂缝得以延伸,取得了较好的改造效果。

（2）作用特点及适应性。

高能气体压裂和爆炸压裂、水力压裂有着本质的不同。高能气体压裂具有以下几个特点:

① 形成裂缝不受地应力限制,是径向多方位的,有较强的沟通天然裂缝的能力。

② 压力上升速度和峰值压力可控,不会造成油井损坏。

③ 对油层无污染,不污染环境。

④ 不会形成压实带。

⑤ 工艺简便,施工周期短。

⑥ 成本低,效果好,产出投入比高。

高能气体压裂技术作用机理独特,施工工艺简便,已成为一项与水力压裂相辅相成、相互补充的技术,它适用于:

① 探井储层试油评价。

② 新井压裂改造投产。

③ 生产井压裂解堵增产。

④ 注水井压裂解堵增注,改善吸水剖面。

⑤ 与水力压裂、酸化压裂联作。

⑥ 与射孔联作。

高能气体压裂是一项非常有效的压裂技术,今后应加强油田工程、地质与火工技术的配合,针对不同的地质状况和井况,确定合理的装药结构和施工工艺,提高压裂效果;加强现场施工的监督工作,确保施工安全、顺利,使这项技术更加趋于完善。

2）前置酸压裂技术

（1）基本原理。

在压裂之前先行挤注低伤害缓速酸液体系,依靠压裂和酸液的酸蚀指进压开地层并使裂缝扩展,以酸蚀缝面和压裂支撑剂的双重作用保持裂缝。二者协同作用,利于形成长的酸蚀裂缝,主要通过酸液溶蚀提高储层渗透性,抑制黏土矿物膨胀,提高裂缝导流能力,在解除油水井堵塞的同时,降低油层破裂压力,增大油层处理半径。同时酸液可溶解压裂液滤饼和裂缝壁面残胶,清洗支撑裂缝,改善裂缝内部间连通性,改善地层渗流性能。

前置酸压裂液的多组分低伤害酸和缓速酸复合体系,与储层、储层流体配伍性好,可有效防止酸压过程中的二次污染沉淀;酸液体系中的多功能添加剂,防乳化、防黏土膨胀,具有助排作用,能够防止溶蚀颗粒运移,避免了对储层造成二次伤害;酸化液体系与压裂液主体在返排前不直接接触,不对压裂液体系的压裂性能产生影响,施工中可以根据储层的适应性灵活选择压裂液体系。多组分低伤害酸液体系由有机酸+无机酸、强酸+弱酸、多元酸+一元酸与多功能酸化添加剂组成,具有较好的低害性能,可以有效解除各种无机物、有机物堵塞,又可以避免二次沉淀等对储层造成的伤害;施工中处于酸压处理液的最前沿,在后续压裂液的推动下,非均匀刻蚀,利于形成长的酸蚀裂缝。缓速酸体系具有较好的缓速效果,有效延缓了酸-岩反应速度,实现缓速深部穿透,深入地层深部,有效解除地层有机物、无机物堵塞;同时降低了酸压过程中酸液滤失、提高酸蚀裂缝导流能力等,有效提高渗透率和酸蚀缝长。酸化和压裂工艺联作,在返排阶段,残酸的降解作用可提高破胶程度,溶解压裂液滤饼和裂缝壁面残胶,清洗支撑裂缝,改善裂缝内部间连通性,最终达到改善地层渗流性能、油气增产的目的。

(2) 技术特点。

① 可以解除多种有机物、无机物对地层的堵塞污染,疏通渗流通道,提高储层渗透率。

② 反应速度缓慢,活性酸穿透距离可以达到 2 m 以上,并可依堵塞种类、程度及现场工艺要求,调整配方及用量控制穿透距离。

③ 酸液与储层、储层流体配伍性好,可有效防止解堵过程中的二次污染沉淀。

④ 改善地层与裂缝之间连通性:a. 酸岩溶蚀反应可改善裂缝附近地层的渗透性;b. 有机复合酸液具有抑制黏土矿物膨胀的作用;c. 残酸在返排阶段可溶解压裂液滤饼和裂缝壁面残胶。

⑤ 改善裂缝内部间连通性:a. 返排阶段残酸的降解作用可提高破胶程度;b. 返排阶段残酸对支撑裂缝具有清洗作用。

(3) 适用条件和工艺参数设计。

前置酸压裂主要技术指标如表 1-1 所示。

表 1-1　多组分低伤害酸和缓速酸复合体系主要技术指标表

序　号	项　目	技术指标
1	主要成分	混合酸液、缓蚀剂、稳定剂、活性剂、络合剂、盐类
2	pH 值	≤2
3	外观	黄色到棕红色均匀液体
4	水溶性	透明或半透明,与水任一比例互溶
5	玻璃片溶蚀率(50 ℃,4 h)/%	≥5
6	防乳化率(70 ℃,4 h)/%	≥95
7	腐蚀速率(60 ℃,4 h)/(g·m⁻²·h⁻¹)	≤6
8	界面张力/(mN·m⁻¹)	≤35
9	稳定性	50 ℃以下,长期放置不分层
10	配伍性	良好

选井条件:① 必须是弱—中等酸敏地层;② 砂岩类型以长石砂岩为主;③ 胶结物以钙

质胶结为主;④ 储层致密,不易破坏胶结骨架等。

　　3) 燃爆诱导酸化压裂技术

　　(1) 基本原理。

　　燃爆诱导酸化压裂技术主要是为了解决在储层改造过程中呈现出的破裂压力异常高、措施效果不明显、有效期短等问题。利用火药在井内燃爆产生远大于地层破裂压力的瞬时高压,来产生若干条不受地应力控制的诱导裂缝,随后进行酸化压裂,使酸液沿诱导裂缝继续压裂油层,进一步扩大天然气渗流面积,以提高措施的成功率和增产效果。

　　(2) 施工工艺步骤。

　　① 选井、选层。

　　② 井筒处理。用套管刮削器在射孔段反复刮洗,将套管炮眼上黏附的杂质、油污及铁锈刮掉并清洗井筒,避免下一步作业带入地层造成二次污染,扩大孔眼附近流通能力。

　　③ 将设计组预先装好的压裂弹连接在油管上,利用油管传送到需处理的射孔井段,投棒点火完成压裂施工;或者按酸化挤注工艺方法注入酸化液到目的层,然后完成燃爆压裂措施。

　　④ 大排量洗井,排除残酸及气体压裂后进入井筒的杂质。

　　⑤ 起出施工管柱,下完井管柱投产。

　　(3) 适用范围。

　　该技术适用范围为:① 砂岩、碳酸盐岩注水井酸化解堵增注;② 污染严重的高渗井解除污染;③ 低渗透率、低孔隙度井提高储层渗流能力;④ 多次酸化效果不明显的低效井恢复产能。

　　经过矿场大量试验后,分析认为燃爆诱导酸化压裂具有以下优势:① 在一些深层、致密、高破裂压力的特殊地层,酸化压裂难以将酸液挤入地层深处,而燃爆诱导压裂可有效降低地层破裂压力,为酸化压裂的顺利进行提供保障。② 燃爆诱导压裂可以利用其不受地应力控制的诱导裂缝来扩大措施后流体的有效渗流面积,并可将燃爆过程中的机械、化学、热力作用和酸化工艺相结合,从而提高措施效果。③ 燃爆诱导酸压措施可有效解决深层致密气藏无法压裂投产的问题。

1.2.4　复杂块状特低渗油藏注采工艺研究现状

　　1) 注水工艺现状

　　注水工艺作为油田稳产增产的重要措施之一,在油田开发中占据着越来越重要的地位。在油田注水开发过程中,注水工艺可以减小层间、层内的平面矛盾,提高注水效果及波及体积,提高原油采收率。

　　随着油田开发程度的不断深入和复杂情况的出现,为了进一步延长水井免修期,需要提高注水工艺的实施效率,尽量降低开发的成本,使注水工艺发展更进一步。目前,注水工艺的发展趋势是向提高效率的方向发展,向智能化、精确注水的方向发展,具体表现为以下几方面。

（1）注水量测试：朝着准确、可靠、单一的方向发展，同时还要发展水平井和定向井等比较特殊的井的调配技术。在井下测试可以比较准确地得到嘴前和嘴后调试的数据，而且还可以根据在井中测出的数据结果做出测量的响应，在减少测试工作的时候最好还要将测调的周期缩短，要能够为油田的研究提供新的注水工艺。

（2）注水工艺配水及投捞方式：目前的配水方式主要是由节流压差以及水嘴的大小来调控注入水的量，这种方式逐渐地发展成为井下定量配水的技术。这种工艺能够在井下自动进行，可以有序控制，根据先前设置的配水方案和实时监控的分层流量结果，通过制定调节阀的周期来进行调节。井下的智能配注器能够把内置系统状态设置成电池供应状态或者是可充电供应状态，这样就能够以无线传输的方式进行配注和测调周期的调整以及读取井下所检测的数据。

（3）注水配套工具：注水封隔器方面向着耐高温以及耐高压的方向发展，开发新型的耐高温、高压的密封材料，从而能够适应特殊条件下的高温油藏的注水工艺要求。

（4）注水的管柱功能：注水管柱功能主要由比较单一、简单的注水功能向着可以采集信息、注水和测试集成方面发展，有效地提高机电一体化的程度，从而加快注水的智能化管理速度。注水工艺的管柱不但能够有效地满足注水工艺的要求，还能够满足吸水剖面的改造工艺的要求，比如油田的分层酸化等。

（5）注水配套的防腐油管：其性能会不断提高和完善，涂层由原来的树脂变为喷涂环氧粉末或是不锈钢管，防腐主要由化学处理发展为喷砂处理。如此，质量和环保性都能够逐渐提高，同时井下的防腐蚀性会大大提高。

（6）注水井作业：主要向不放喷、压井等技术方向发展。目前，我国各油田基本采用了压井或者放喷等技术完成注水井作业。为了提高油藏水驱的开发效果，并有效减少地层能量的损耗，油田应进行注水井作业不放喷、不压井等技术的研究，由放喷、压井向不放喷、不压井作业的方向发展。

注水的工艺是油田开发的基础，现在我国已经形成了一套能够适应不同油藏地质条件以及不同井型的分层注水工艺体系。伴随着各种复杂地形地质类油田的投入开发，需要进一步提高注水工艺的配套程度以及适应性；同时还需强化注水技术的管理，尽可能实现精细注水以及有效注水等工艺技术，从而有效地控制油田中含水率上升的速度和产量的递减，大大提高水驱采收率，保证油井在不同的开发阶段和地质条件下安全、高效地生产。

2）复杂块状特低渗油藏注水开发中出现的问题

经过矿场实践，复杂低渗油藏的注水开发是切实可行的，但由于受油藏物性、地下渗流规律的制约，存在许多问题：① 油井含水速度上升较快，水驱油效率较低；② 油井见水后，采液、采油指数下降较快；③ 注水过程出现裂缝渗流特征，反九点井网适应性差。

改善油藏注水开发效果有以下方法：① 调整注采井网，增强井网适应性；② 超前或同步注水防止储层孔喉收缩，有效抑制产量递减；③ 先建立有效驱替系统，后保持温和注水格局；④ 保持合理压力系统。

1.3　技术难点与对策

1.3.1　技术难点

（1）针对复杂块状特低渗油藏储层厚度大、非均质性强、渗透率非常低的储层特征，提出一种有效进行储层改造、降低非均质性影响、提高储层有效动用程度的技术方法对于油田具有较强的实际意义。

（2）由于复杂块状特低渗油藏的特征，室内模拟难度大，需要有效地抽象模拟环境，为储层条件模拟和储层开发模拟提供基础。

（3）针对复杂块状特低渗油藏储层的特征，得到适用于复杂块状特低渗油藏储层改造的配方体系。

（4）如何对复杂块状特低渗油藏储层改造进行准确性、定量化的参数确定，为矿场实践提供指导。

1.3.2　技术对策

（1）开展油藏宏观和室内细观—微观特征研究，通过详细的地质特征与油藏特征分析，了解储层厚度、非均质性等分布状况及对储层开发的影响，结合复杂块状特低渗油藏目前开发状况，有针对性地确定提高储层改造程度的技术方向。

（2）进行详细的技术调研与探索，参考借鉴其他复杂、低渗油藏开发经验，得到适合于复杂块状特低渗油藏储层改造的一种有效手段，通过室内优化和矿场试验，确定技术的应用可行性，为技术推广奠定基础。

（3）对多类模型进行实验，不断调整，得到与实际储层特征渗流实验规律相同的室内实验模型；同时保留或选择性保留与油藏条件相同的模拟环境，扩大实验开展范围。参考储层改造相关方法，得到适用于复杂块状特低渗油藏储层改造的配方体系。

（4）在对比实验结果的同时，建立复杂块状特低渗油藏储层改造的数学模型，建立相应的产能模型，利用数值方法对储层改造参数进行定量化优化与规律认识，为矿场应用中相应工艺参数确定奠定基础。

1.4　本书主要内容

本书以鄂尔多斯盆地长庆油田 HA 长 8 复杂块状特低渗油藏为研究对象，重点阐述储层改造与注采工程关键技术研究成果与矿物实践情况。主要内容包括：

（1）介绍复杂块状特低渗油藏地质特征，揭示目前的开发状况及存在的主要问题；由储层敏感性与渗流特征评价现有的储层改造工作液（酸液、压裂液等）的性质。

（2）通过建立、求解、对比燃爆压裂、水力压裂及复合压裂产能模型，证实了复杂块状特低渗油藏燃爆诱导前置酸压裂关键技术的储层适应性；通过理论分析、建立模型、室内实验和软件分析等手段对延时多级燃爆压裂工艺技术进行了研究，设计了该类储层燃爆压裂方案,优化了该类储层最佳的裂缝参数,对预存燃爆裂缝下的水力压裂技术进行了研究,形成了单井施工设计。

(3)在复杂块状特低渗油藏储层改造工作液伤害评价基础上,提出了一种新的缓速酸体系,考察了增效剂(BM-B10)、纤维以及类泡沫压裂液与该压裂液体系的适应情况,通过室内实验为改善该体系性能、降低成本提供依据。

(4)在资料调研及分析的基础上,提出 HA 长 8 储层分注、分采合抽技术,研究了技术适应性,并借助数模手段优化了该注采方式下的注采参数。

(5)借助数模手段研究了在最优注采参数下高能气体压裂、水力压裂和燃爆诱导前置酸压裂方式对 HA 长 8 储层开发效果的影响,进行了储层燃爆诱导前置酸压裂改造注水开发配套技术整体效果预测与提高采收率的潜力评价。

第 2 章 复杂块状特低渗油藏地质特征及开发现状

2.1 复杂块状特低渗油藏区域地质概况

鄂尔多斯盆地是发育在华北克拉通之上,位于其西部的一个多旋回叠合型盆地,是华北克拉通内 5 个地块之一。鄂尔多斯盆地北跨乌兰格尔基岩凸起与河套盆地为邻,南越渭北挠褶带与渭河盆地相望,东接晋西挠褶带与吕梁隆起呼应,西经掩冲构造带与六盘山银川盆地对峙,地表形态呈一近似南北向展布的矩形盆地,南北长 700 km,东西宽 400 km,总面积达 25×10^4 km²。

鄂尔多斯盆地是一个稳定沉降、拗陷迁移的多旋回沉积盆地,原本属于大华北盆地的一部分,中生代后期逐渐与华北盆地分离,并演化为一大型内陆盆地。三叠纪总体为一西翼陡窄东翼宽缓的不对称南北向矩形盆地。盆地内无二级构造,三级构造以鼻状褶曲为主,不发育背斜构造。依据现今构造形态,鄂尔多斯盆地可划分为 6 个一级构造单元,依次为北部的伊盟隆起、东部的晋西挠褶带、南部的渭北隆起、西缘相邻产出的天环坳陷和西缘冲断构造带,以及中部的陕北斜坡带(图 2-1)。盆地具有双层结构,基底由太古界及下元古界的变质岩构成,盖层为中上元古界和下古生界的海相碳酸盐岩层、上古生界—中生界的滨海相及陆相碎屑岩层。新生界仅在局部地区分布。

鄂尔多斯盆地是我国第二大含油气盆地,结构简单,构造平缓,沉降稳定,油气藏隐蔽复杂,具有低品位、低渗、低产、低效益的经济特征。众多油田成片分布,构造体系成带排列。已发现的中生代 33 个油气藏中,除西部多微构造油藏外,多数油田为岩性油藏或地层岩性油藏的组合,与构造油藏相比,其勘探显得更加复杂困难。盆地处于黄土高原,地表露头主要为白垩系砂砾岩、泥岩以及第四系黄土、风积物等,构造断裂在地面难以发现,主要依靠地震技术进行勘探。

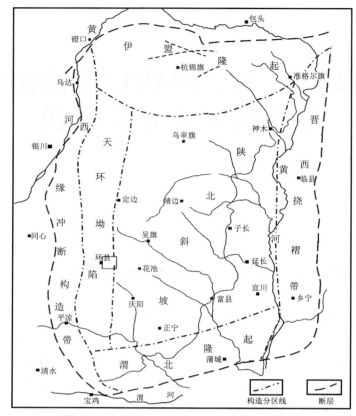

图 2-1　鄂尔多斯盆地区域构造及研究区位置

2.1.1　鄂尔多斯盆地的构造运动及其演化

鄂尔多斯盆地原属大华北盆地的一部分,直到晚侏罗世与早白垩世之间才逐渐与华北盆地分离,演化为一大型内陆拗陷盆地。其结晶基底在新元古代末固结之后,进入稳定的华北克拉通沉积盖层发育阶段,在基底岩系之上沉积了巨厚的沉积岩系,包括中元古界至新生界第四系形成的地层,累计厚度超过 10 000 m。中生代遭受印支构造运动,导致华北地台解体,加上西缘冲断带左旋走滑作用的影响,鄂尔多斯盆地在挤压和剪切作用下发生弯曲拗陷,并沿西缘冲断带下滑,经历了不同阶段的构造演化。现今的鄂尔多斯盆地是由一个极其简单的西深东浅、南低北高的大向斜组成的构造盆地。根据盆地不同发展阶段的地球动力学背景,鄂尔多斯盆地演化分成以下几个阶段。

(1)中—晚元古代拗拉槽裂陷盆地阶段。

早元古代形成的鄂尔多斯陆壳,于中元古代沉积了中元古界的长城系和蓟县系。晚元古代盆地因晋宁运动除盆地西缘和南缘外,该地区均上升为陆,该时期的沉积缺失青白口系和南华系,后期在局部地区沉积了震旦系罗圈组冰碛泥砾岩。晋宁运动后,区内裂陷作用基本结束,盆地进入克拉通拗陷与边缘沉降阶段,表现为稳定的整体升降运动,在陆块内部形成典型的克拉通坳陷。

（2）早古生代边缘海盆地阶段。

早古生代其为一南缘面向秦祁海洋的宽阔陆架。此后在此陆架上，沉积了以碳酸盐岩为主的寒武系和中下奥陶统；早奥陶世末，在渭北一带形成逆冲推覆带，它将华北地块同其以南的秦岭海槽隔开，从而使边缘海盆地转变为内克拉通盆地，且该隆起带在后期成为物源剥蚀区。同一时期，华北地块受南北洋壳向陆下俯冲使鄂尔多斯地台及贺兰拗拉槽整体抬升遭受剥蚀，期间经历了 1.4 亿年的沉积间断和剥蚀，缺失了下石炭统，同时也结束了华北陆缘海盆的地质历史。

（3）晚石炭世—中三叠世大型内克拉通盆地阶段。

晚石炭世，北部的中亚—蒙古海槽区关闭后，地层逐渐褶皱、隆升，使其成为鄂尔多斯盆地北部的物源区。鄂尔多斯地台在华力西运动中期又发生沉降，也曾进入海陆过渡发育阶段。在早二叠世沉积了以海陆交互相为主的山西组煤系地层。在石千峰组沉积时，地壳发生巨大的调整，由南部和北部沉降逐渐代替了东部和西部沉降，中央古隆起走向消亡，标志着鄂尔多斯沉积区逐步与华北盆地分离并向独立的沉积盆地演化。

（4）中生代内陆盆地阶段。

早三叠世鄂尔多斯地区依然承袭了二叠纪的沉积面貌，为滨浅海沉积。中三叠世，随着扬子海向南退缩，仅在盆地西南缘有些海泛夹层，陆相沉积的特征变得更加明显。晚三叠世的印支运动造就了鄂尔多斯盆地整体西高东低的古地貌。此时鄂尔多斯盆地内部形成了大型的内陆淡水湖泊，该湖泊位于盆地的南部，其北部为一南倾的斜坡，西部为隆坳相间的雁列构造格局，而整个湖盆向东南开口。

三叠纪末的印支旋回使鄂尔多斯盆地整体抬升，湖泊逐渐消亡，同时地层遭受侵蚀，形成了沟谷纵横、残丘广布的古地貌景观，在这样的背景下发育了下侏罗统大型河流相沉积。鄂尔多斯盆地侏罗纪的古构造面貌主要表现为东西差异，西部为南北走向、呈带状分布的坳陷，是盆地的沉降中心；向东变为宽缓的斜坡，完全不同于晚三叠世的构造面貌。

晚侏罗世早期，即在安定组沉积之后，鄂尔多斯盆地及周围地区发生了一次强烈的构造热事件，即以前所谓的燕山运动中幕。本次构造运动在山西地块西部形成了一个以吕梁山为主体，由复背斜和复向斜组成的吕梁隆起带，从而将鄂尔多斯盆地的东界推移到吕梁山以西。

早白垩世，盆地西缘继续受向东的逆冲作用，使上侏罗统的沉降带（芬芳河组砾岩）继续向东推进，形成第二条沉降带，即今天的天环向斜。东部隆起带继续向西推进，使山西地块被掀起，在鄂尔多斯盆地范围内形成了一个西倾大单斜，至此鄂尔多斯盆地才发展为一个四周边界和现今盆地范围基本相当的独立盆地。

（5）新生代周缘断陷盆地形成阶段。

在新生代，由于太平洋板块向亚洲大陆东部之下俯冲产生的弧后扩张作用，同时印度板块与亚洲大陆南部碰撞并向北推挤，并在鄂尔多斯地区产生了北西—南东向张应力，形成了环绕鄂尔多斯盆地西北和东南方向的河套弧形地堑和汾渭弧形地堑系。同时在盆地一侧导致此前已经存在的伊盟隆起和渭北隆起进一步隆升，隆起部位的中生界遭受进一步剥蚀，最终形成现今的高原地貌景观。

纵观鄂尔多斯盆地的演化过程，可以看出盆地是在吕梁期形成的统一的固化结晶基底，主要由太古代和元古代变质岩与中、新元古代以后形成的盖层沉积构成，具有明显的二元结构,因此它属于克拉通边缘拗陷盆地。另外,中生代后期,在盆地西缘发育逆冲断层并伴有褶皱,成为较窄的陡翼,显示出不对称性,也有部分学者认为鄂尔多斯盆地属前陆盆地。无论怎样,该盆地都是一个中新生代盆地叠加在古生代盆地之上的叠合盆地[3]。

2.1.2 烃源岩的分布及资源量

鄂尔多斯盆地是在漫长的地史中形成的大型叠合盆地,以沉降为主、间有抬升、构造稳定、地层平缓为特征,由区域沉积的多阶段,发展成了多套生储盖组合,发育了下古生界海相烃源岩、上古生界海陆交互相煤系烃源岩和中生界湖相烃源岩。生油层多,厚度大,分布面广,成为油气形成十分丰富的物质基础。沉降中心区生油最丰富,生烃强度大于 $400×10^4$ t/km^2,研究区域 HA 县的生烃强度在 $200×10^4 ～ 400×10^4$ t/km^2 之间(图 2-2)。

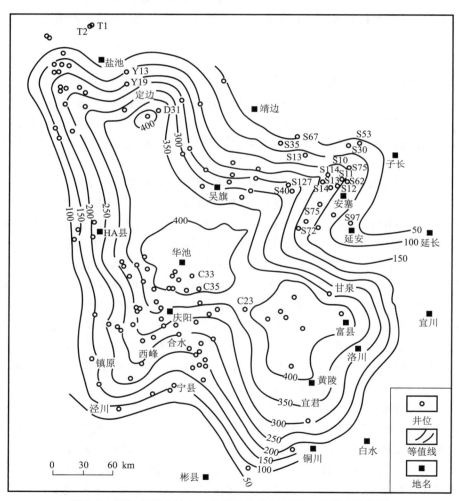

图 2-2 鄂尔多斯盆地上三叠统延长组烃源岩生烃强度趋势图

鄂尔多斯盆地延长组是一套内陆湖泊沉积建造,广泛发育厚 1 000～1 500 m 的河湖三角洲和水下扇体系的碎屑岩系,自下而上可划分为 10 个油层组。长 10～长 7 沉积期为三角洲湖盆形成、扩大和全盛的湖进期,纵向上发育一套较粗的河流相-湖相泥岩沉积为主的正旋回沉积,平面上各期湖岸线向外扩展。长 6～长 1 沉积期为建设型的三角洲发育期与水退直至消亡的湖退期,呈湖相-三角洲前缘分流平原相-河流相沉积序列。

2.1.3　储集层的特征及有利层分布

鄂尔多斯盆地在不同沉积环境下,形成了下古生界海相碳酸盐岩储集层、上古生界海陆过渡相碎屑岩和碳酸盐岩储集层、中生界陆相碎屑岩储集层。储集层空间有:奥陶系多期内、外应力作用的古熔岩储集层,石炭—二叠系碎屑岩经成岩作用的压实、压溶、胶结、充填作用之后的孔隙型储集层,风化缝和晚期构造的奥陶系马家沟组马五期的网状裂缝储集层,三叠系延长组的湖泊三角洲相中成岩成熟期孔隙储集层,总体特征都是低孔、低渗、低产。

2.2　复杂块状特低渗油藏地质特征

陇东地区 HA 县(环县)长 8 油藏位于盆地西部,处在大同—HA 县断裂带上,局部构造为西倾单斜,地层倾角小。在此构造背景之上,由于压实而形成的鼻隆上,出现局部圈闭,成为油气聚集的有利场所。沉积特征和油藏分布受盆地总体基底断裂控制。上三叠统长 8 沉积期间,研究区主要是受西部和西南部的两个物源区形成的碎屑沉积体的影响。长 8 的储集层和油气分布受浅水三角洲内前缘沉积影响,呈由南西向北东方向的条带状分布,多次交汇及分叉。

2.2.1　研究区的位置

本次研究以鄂尔多斯盆地陇东地区的 HA 县北部区域(北至 HA305 井,南至 L46 井,西至 L169 井,东至 L74 井)作为大的研究范围,其中重点选取 HA305,HA56,HA82 和 L91 4 个井区作为研究区。

2.2.2　构造特征

研究区海拔 1 263～1 490 m,呈东高西低,向西倾斜,东西高差 165 m,倾斜度为 0.36°;区内发育了几个近东西向的低缓鼻状构造,倾角 0.2°～0.5°。长 8 各油组在西倾单斜背景上,由差异压实作用发育了几排有一定继承性的小型鼻状隆起,鼻隆间以凹槽相隔,但不同时期鼻状构造的分布特征略有不同。

区内无断层发育,局部可见微裂缝。根据已有的岩心观察表明:HA82 井在埋深 2 604.4 m 的长 8^1 储层发育高角度相交的两组裂缝,裂缝面见油气运移痕迹;镇 76 井在埋深 2 617.7 m 处的长 8^2 储层裂缝面见方解石强烈充填;HA42 井在埋深 2 210.05 m 的长 8^2 储层发育高角度缝。这些资料说明长 8 储层发育两组高角度相交裂缝,且大部分裂缝被充填。

2.2.3 地层简介

鄂尔多斯盆地有中上元古界及下古生界碳酸盐岩、上古生界滨海相及海陆过渡相至陆相碎屑岩沉积和中生界陆相碎屑岩沉积,新生界只有局部地区分布。

延长组是鄂尔多斯盆地内陆湖盆形成后接受的第一套生储油岩系,也是盆地最主要的勘探层系。根据岩性特征分为五段,即 T_3y1,T_3y2,T_3y3,T_3y4,T_3y5。再根据其岩性、电性及含油性,将五段对应划分为 10 个油层组(长 1～长 10),各段与油层组对应关系及岩性特征见表 2-1。

表 2-1 鄂尔多斯盆地上三叠统延长组地层划分简表

地 层				地层厚度 /m	岩 性 特 征	湖盆演化史
统	组	段	油层组			
上三叠统	延长组	第五段 T_3y5	长 1	0～240	暗色泥岩、泥质粉砂岩、粉细砂岩不等厚互层夹炭质泥岩及煤线	平缓拗陷湖泊消亡
		第四段 T_3y4	长 2	长 2¹ 40～45	浅灰色、灰绿色块状细砂岩为主,夹中粒砂岩及灰色泥岩	稳定拗陷湖盆收缩
				长 2² 40～45		
				长 2³ 45～50		
			长 3	长 3¹ 35～50	灰色、深灰色泥岩、砂质泥岩、页岩夹浅灰绿色细砂岩或略等厚互层,局部夹煤线	
				长 3² 40～50		
				长 3³ 45～50		
		第三段 T_3y3	长 4+5	长 4+5¹ 30～50	暗色泥岩、炭质泥岩、煤线夹薄层粉—细砂岩	
				长 4+5² 30～50	浅灰色粉—细砂岩与暗色泥岩互层	
			长 6	长 6¹ 35～45	深灰色微—细粒钙泥质长石砂岩、岩屑长石砂岩、岩屑砂岩,深灰色、灰色泥质粉砂岩、粉砂岩,灰黑色泥岩互层	
				长 6² 35～45		
				长 6³ 35～40		
			长 7	80～100	暗色泥岩、炭质泥岩、油页岩夹薄层粉细砂岩	强烈拗陷
		第二段 T_3y2	长 8	长 8¹ 40～50	灰色、深灰色中细粒长石石英砂岩、长石岩屑砂岩与深灰色、暗色泥岩互层	湖盆扩张
				长 8² 35～45		
			长 9	90～120	灰色中粗粒砂岩夹细砂岩、粉砂岩及泥岩,底部含有细砾岩	初始拗陷湖盆形成
		第一段 T_3y1	长 10	280		
	纸坊组				灰紫色泥岩、粉砂质泥岩与紫红色中细粒砂岩互层	

依据油层组标志层特征、沉积旋回特征和测井曲线特征,将长 8 储层划分为长 8^1、长 8^2 两个砂层组,再将两个砂层组分别细分为长 8_1^1、长 8_1^2、长 8_1^3 和长 8_2^1、长 8_2^2、长 8_2^3 6 个小层。

2.2.4　沉积相特征

鄂尔多斯盆地上三叠统延长组以北 38° 为界,以北的沉积粗、厚度小(100～600 m),以南的沉积细、厚度大(1 000～1 400 m),并且在盆地西缘的石沟驿、安口窑一带形成岩性单一(含砾粗砂岩)、厚度达 3 000 m 的前渊堆积。所以,延长组的坳陷中心位于盆地西缘的前渊地带,而沉积中心则位于盆地南部的深水湖区,二者并不重合。湖泊全盛时期的范围可达 1×10^5 km^2 以上。

鄂尔多斯盆地四周都有延长组的物源区,东北部物源来自吕梁隆起的岩浆岩和高级变质岩,北部物源来自阴山南侧的深变质岩,西北部物源来自贺兰山以西的变质岩和沉积岩,西南部物源来自秦祁褶皱带及盆地西缘陆梁的变质岩和早古生代沉积岩,东南部物源来自秦岭北坡的变质岩和碳酸盐岩。它们在盆地中形成明显的由河流沉积、三角洲沉积、半深湖沉积所组成的环状相带,使延长组经历了湖泊产生、发展乃至消亡的完整过程,记录着陆相生油的典型地质历史。

晚三叠世,鄂尔多斯盆地演变为面积大、水域广的内陆湖泊环境,沉积着厚度达千米的延长组生、储、盖含油组合。其中,环湖三角洲沉积体系对油气富集有明显的控制作用。

根据砂体展布、沉积层序及重矿物组合特征,可将延长组划分为九大三角洲(含湖底扇)(图 2-3),其中湖区西部的环县(HA 县)华池三角洲(含湖底扇)范围约 6 000 km^2,石油现实资源量 3×10^8 t。

由于当时的深湖区偏向盆地西南部,所以,湖泊东侧底缓且水浅,西侧底陡且水深。所形成的三角洲以东侧、北侧的规模最广,储集的油气量最大,占油气聚集总量的 65% 以上。

晚三叠世长 8 段沉积期间,在盆地西缘从平罗到平凉形成了一系列冲积扇或扇三角洲群,其特点是坡度较陡,向湖盆方向延伸的距离较短,碎屑粒度较粗,且砂地比较高,碎屑物质就是西缘附近隆起区的岩石风化剥蚀产物短距离搬运堆积的结果;西南部在陇县、泾川、宁县地区也发育了大型的辫状河三角洲;相对于西缘的扇三角洲来说,东南部的扇三角洲向湖盆延伸的距离更远,并且在前方形成了庆阳、正宁、黄陵等多个浊积扇,其碎屑物源主要来自西南部和南部;在盆地北部,发育了从乌审旗到靖边再到吴旗(志丹、安塞)的巨型三角洲,碎屑物质主要是北方的辫状河-曲流河搬运而来的。

研究区位于上述的四个物源区形成的碎屑沉积体的汇聚区,但北部物源的影响较小,主要是受西部和西南部的两个物源区形成的碎屑沉积体的影响。这四个碎屑沉积体的推进和收缩,以及湖盆地水体的加深和变浅,最终控制了研究区内的碎屑沉积体的类型和发育程度。根据前人对露头古流向资料和重矿物组合分析,认为研究区沉积物主要来自西部与南部。

前人在该地区结合综合测井资料信息,选取沉积岩的颜色、岩石类型、沉积构造特征作为沉积相划分的标志,通过对不同井之间的沉积相进行综合对比,进而揭示长 8 段沉积相特征。综合研究认为研究区为浅水三角洲内前缘沉积。

长 8_2^2 沉积期,研究区有西南辫状河三角洲沉积体系和西部扇三角洲沉积体系,砂体发

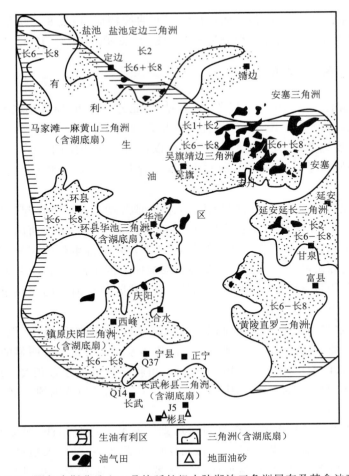

图 2-3　鄂尔多斯盆地上三叠统延长组内陆湖泊三角洲展布及其含油现状

育,主要发育水下分流河道、河口坝和分流间湾的沉积微相。河道砂地比一般大于0.2,河道主体部位砂地比一般大于0.5,水下分流河道呈南西—北东方向条带状展布,多次交汇及分叉,分流河道砂体叠加连片,河道宽一般在2～5 km。水下分流间湾可见炭质泥岩。

长 8_2^2 沉积期,研究区发育西南和西部物源体系的7条河道,主要为分流河道砂体。河道砂地比一般大于0.2,河道主体部位砂地比一般大于0.5,分流河道呈南西—北东方向展布,砂体叠加连片,河道宽一般在3～8 km。水下分流间湾可见炭质泥岩和植物茎秆。

长 8_2^1 沉积期,砂体较长 8_2^2 沉积期有所发育。河道主体部位砂地比一般大于0.5,分流河道砂体叠加连片,河道宽一般在2～6 km,河道砂体发育。水下分流间湾可见炭质泥岩和植物茎秆。

长 8_1^3 沉积期,研究区发育南西—北东向水下分流河道,主要发育水下分流河道和水下分流间湾微相。分流河道主体部位砂地比一般大于0.6,分流河道砂叠加连片,河道宽一般在2～5 km,河道砂体最厚处达10 m以上。水下分流间湾可见炭质泥岩和植物茎秆。

长 8_1^2 沉积期,为三角洲沉积砂体的重要建设期,水下分流河道砂体发育。研究区发育北东方向的水下分流河道,河道底部发育冲刷面和泥砾。水下分流河道叠加,河道较宽,河道宽一般在 4～8 km。水下分流间湾可见大量炭质泥岩和植物茎秆。

长 8_1^1 沉积期,研究区主要为西南和西部物源体系,水下分流河道砂体发育。研究区发育 5 支东北向的水下分流河道,河道砂地比一般大于 0.2,河道主体部位砂地比一般大于 0.5,水下分流河道叠加连片,河道宽一般在 3～10 km。水下分流间湾可见炭质泥岩和植物茎秆。

2.2.5　储层特征

HA 长 8 储层总体为低孔—中孔、低渗—特低渗—超低渗储层,各小层由于沉积及成岩演化特征存在差异,使得储层物性在纵向及横向上存在一定的变化。弄清储层物性的变化特征及其影响因素,对于寻找油气富集区及进行高效的开发具有重要意义。

1）储层的岩矿特征

储层岩石学特征包括岩石的碎屑组成,碎屑组合特征,填隙物特征,碎屑的粒级、分选、磨圆、支撑类型、颗粒接触方式和胶结类型等,这些特征决定了储层孔隙结构与物性分布特征,是储集性能研究的基础。

通过前人对 HA 长 8 地层岩心、岩屑、薄片资料,沉积相和砂体的空间展布规律的分析和研究,可确定组成 HA 长 8 储层的岩石有如下特征。

（1）岩石类型。

延长组长 8 油层组岩石类型主要为岩屑长石砂岩和长石岩屑砂岩,含少量的岩屑砂岩,砂岩的长石含量和石英含量近等,岩屑的含量较高,普遍含云母和绿泥石碎屑。

（2）岩石结构。

砂岩以细—中粒为主,极细—细粒和细粒次之,分选中等、好为主,磨圆度次棱角状为主,接触方式主要为点-线接触、线接触,以孔隙式、薄膜式、加大式及其复合型的胶结类型为主。

（3）填隙物类型。

研究区砂岩填隙物类型较为多样,以自生黏土矿物和碳酸盐胶结物为主,硅质胶结物含量较低。黏土矿物主要以水云母为主,其次为绿泥石和高岭石。碳酸盐胶结物主要为方解石和铁方解石。

长 8^2 砂岩填隙物含量为 13.61%,填隙物主要由较小的黏土矿物（6.68%）、碳酸盐胶结物（4.10%）及硅质胶结物（1.77%）组成,含少量其他成分的填隙物。黏土矿物由绿泥石（3.13%）、高岭石（0.44%）和水云母（3.11%）组成。碳酸盐胶结物主要由铁方解石（0.48%）和方解石（3.58%）组成。硅质胶结物包括次生加大式胶结及孔隙充填式胶结两种,以石英加大边状为主,少量充填孔隙。

长 8^1 砂岩填隙物含量为 15.71%,填隙物主要由黏土矿物（6.05%）、碳酸盐胶结物（6.01%）及硅质胶结物（1.43%）组成,含少量其他成分的填隙物。黏土矿物由绿泥石（1.39%）、高岭石（0.69%）和水云母（3.97%）组成。碳酸盐胶结物主要由铁方解石（1.56%）和方解石（3.95%）组成。硅质胶结物包括次生加大式胶结及孔隙充填式胶结两种,以石英加大边状为主,少量充填孔隙。

（4）孔隙类型。

研究区长8储层孔隙类型多样，主要包括粒间孔、长石溶孔、岩屑溶孔、晶间孔、微裂隙等多种类型，其中前三种孔隙类型含量最高。粒间孔、长石溶孔为本区最主要的储集空间（图2-4～图2-7），不同的层位储层孔隙类型稍有差异（表2-2）。

图 2-4　A1井，2 357.44 m，长 8_2^3，粒间孔　　　图 2-5　A2井，2 325.48 m，长 8_1^2，粒间孔和溶孔

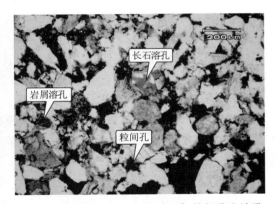

图 2-6　A3井，2 527.92 m，长 8_1^2，粒间孔和长石溶孔　　图 2-7　A4井，2 513.03 m，长 8_1^2，粒间孔和溶孔

表 2-2　研究区长 8 砂岩孔隙类型统计表

层　位	粒间孔/%	长石溶孔/%	岩屑溶孔/%	晶间孔/%	其他/%	面孔率/%	样品数/块
长 8_1^1	0.73	1.22	0.36	0.12	0.08	2.51	13
长 8_1^2	1.16	1.23	0.16	0.01	0.05	2.61	99
长 8_1^3	1.76	1.07	0.11	0.01	0.13	3.08	36
长 8_2^1	0.76	1.18	0.13	0.02	0	2.09	39
长 8_2^2	1.88	1.00	0.09	0.05	0	3.02	13
长 8_2^3	1.53	0.79	0.15	0	0.01	2.48	23

（5）孔隙大小及形态。

按照表 2-3 的分类方案及前人对研究区延长组孔隙大小和形态的研究分析资料，长 8_1^1 和长 8_2^1 平均孔隙直径分别为 22.50 μm 和 32.26 μm，属于中孔隙；长 8_1^2、长 8_1^3、长 8_2^2 和长 8_2^3 平均孔隙直径分别为 42.73 μm，42.14 μm，45.38 μm，47.83 μm，均属于大孔隙（表 2-4、图 2-8）。

表 2-3　孔隙和喉道大小分类方案

孔隙大小分类	孔隙直径/μm	喉道粗细分类		喉道半径/μm
大孔隙	>40	粗喉道		>4
中孔隙	20～40	中喉道		2～4
小孔隙	4～20	细喉道		1～2
微孔隙	0.05～4	微喉道	微细喉道	0.5～1
			微喉道	0.025～0.5
吸附孔	<0.05		吸附喉道	<0.025

表 2-4　研究区长 8 砂岩平均孔隙直径统计表

层　位	孔隙度/%	渗透率/(10^{-3} μm^2)	面孔率/%	平均孔隙直径/μm	样品数/块
长 8_1^1	10.01	0.92	2.51	22.50	13
长 8_1^2	9.49	0.71	2.61	42.73	99
长 8_1^3	9.2	0.75	3.08	42.14	36
长 8_2^1	8.61	0.51	2.09	32.26	39
长 8_2^2	8.34	0.39	3.02	45.38	13
长 8_2^3	8.33	0.40	2.48	47.83	23

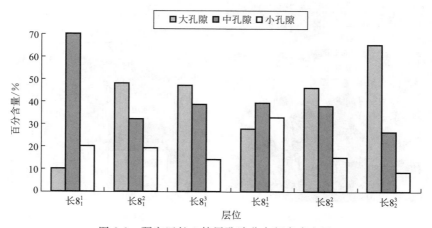

图 2-8　研究区长 8 储层孔隙分布频率直方图

综合分析认为,研究区延长组长 8 储层物性相对较差,孔隙度、渗透率、面孔率相对较差,基本为中—大孔隙。尽管各个小层储层存在差异,但是整体而言,长 8^1 储层物性较长 8^2 储层好。

(6)喉道类型。

喉道为连通两个孔隙的狭窄通道,每一支喉道可以连通两个孔隙,而每一个孔隙至少和 3 个以上的喉道相连通,有的甚至和 6~8 个喉道相连通。在同一储层中,由于岩石的颗粒接触关系、颗粒大小、形状及胶结类型不同,其喉道的类型也不相同。常见的喉道类型主要有 4 种:孔隙缩小型、缩颈型、片状或弯片状、管束状喉道(图 2-9)。

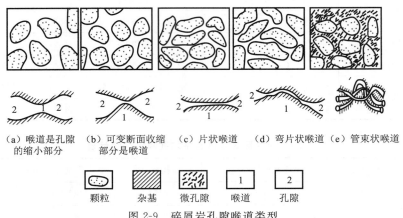

(a)喉道是孔隙的缩小部分　(b)可变断面收缩部分是喉道　(c)片状喉道　(d)弯片状喉道　(e)管束状喉道

颗粒　杂基　微孔隙　1 喉道　2 孔隙

图 2-9　碎屑岩孔隙喉道类型

孔隙喉道的大小和形态主要取决于砂岩中颗粒的接触类型和胶结类型,通过铸体薄片以及扫描电镜观察,研究区储集砂岩的接触关系以线状为主,点-线状次之,喉道形态以片状或弯片状为主,管束状喉道次之。研究区发育的喉道类型包括孔隙缩小型喉道、缩颈型喉道以及片状或弯片状喉道,管束状喉道较为少见(图 2-10)。

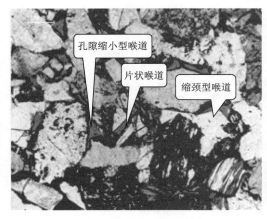

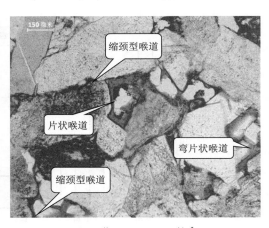

(a)A5井,2 482.81 m,长 8^1　　　　　(b)A6井,2 378.68 m,长 8^2

图 2-10　研究区主要发育喉道类型

（7）孔喉组合。

根据李道品等的孔喉分类标准[1]，研究区长 8 砂岩储层孔隙组合类型主要为大—中孔微喉型（表 2-5）。

表 2-5　研究区长 8 砂岩平均孔隙半径统计

层　位	孔隙（据铸体薄片资料）				喉道（据压汞资料）			
	大孔隙	中孔隙	小孔隙	样品数/块	微细喉道	微喉道	吸附喉道	样品数/块
	>40 μm	20～40 μm	4～20 μm		0.5～1 μm	0.025～0.5 μm	<0.025 μm	
长 8_1^1	10.00%	70.00%	20.00%	10	25.00%	75.00%	0	4
长 8_1^2	48.32%	32.58%	19.10%	89	3.12%	96.88%	0	32
长 8_1^3	47.22%	38.89%	13.89%	36	10.00%	90.00%	0	10
长 8_2^1	27.27%	39.39%	33.34%	33	0	90.91%	9.09%	11
长 8_2^2	46.16%	38.46%	15.38%	13	33.33%	66.67%	0	3
长 8_2^3	65.22%	26.08%	8.70%	23	0	100.00%	0	6

2）储层分布特征

长 8_2^3：砂体呈条带状沿南西—北东向和近北东向展布，厚度 0.3～17.9 m，平均厚度 6.5 m，高值区主要分布在 L67 井（14.8 m）附近（图 2-11）。

长 8_2^2：砂体呈条带状沿南西—北东向展布，厚度 1～14.38 m，平均厚度 5.1 m，高值区主要分布在 L65 井（14.38 m）和 HA68 井（12.38 m）附近（图 2-12）。

长 8_2^1：砂体呈条带状沿南西—北东向展布，厚度 0.1～15.1 m，平均厚度 5.0 m，高值区主要分布在 Y157 井（15.1 m）和 HA84 井（13.3 m）附近（图 2-13）。

长 8_1^3：砂体呈条带状沿南西—北东向和近北东向展布，厚度 0.1～12.8 m，平均厚度 4.7 m，高值区主要分布在 L159 井（11.8 m）附近（图 2-14）。

长 8_1^2：砂体呈条带状沿南西—北东向和近北东向展布，厚度 1～19.28 m，平均厚度 6.4 m，高值区主要分布在 L65 井（19.28 m）、M28 井（14.9 m）和 HA23 井（13.1 m）附近。该层位砂体连片性较好，是最为有利的储层（图 2-15）。

长 8_1^1：砂体呈条带状沿南西—北东向展布，厚度 0.1～12.3 m，平均厚度 3.1 m，高值区主要分布在 L126 井（12.3 m）和 HA64 井（11.4 m）附近（图 2-16）。

3）储层物性特征

长 8^2 储层孔隙度分布在 4.40%～14.84%，平均孔隙度 8.44%；渗透率分布在（0.05～6.35）×10^{-3} μm^2，平均渗透率 0.44×10^{-3} μm^2。依据储层分类标准（表 2-6），长 8^2 储集砂体主要为低孔—特低孔、特低渗—超低渗储层。

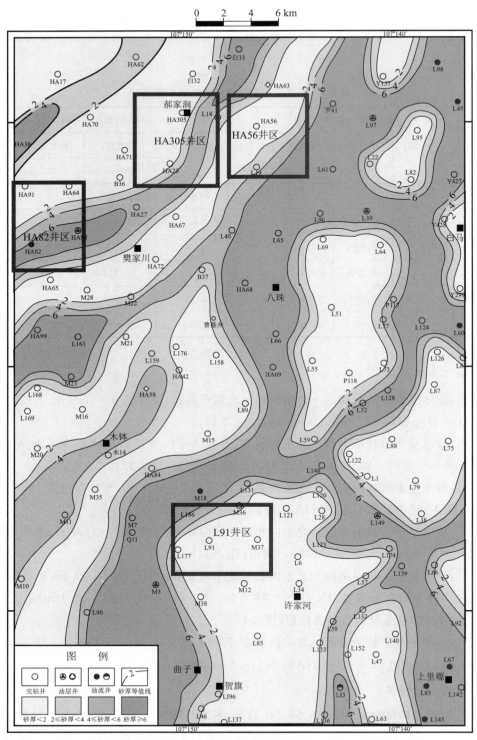

图 2-11　长 8_2^3 砂体等厚图(单位:m)

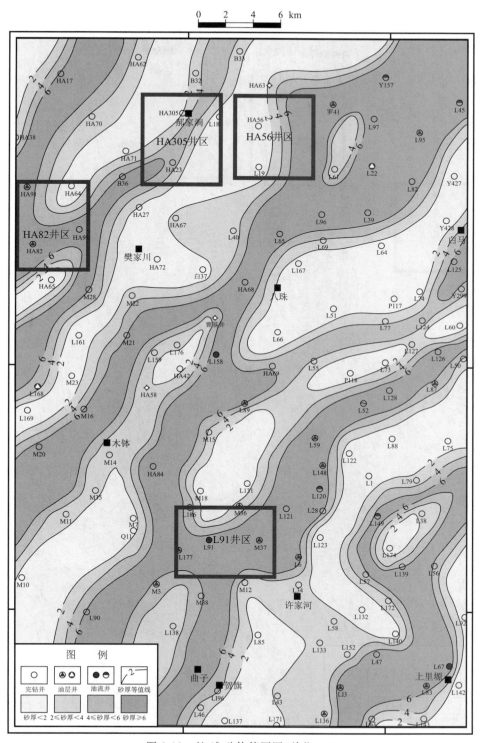

图 2-12　长 8_2^2 砂体等厚图(单位:m)

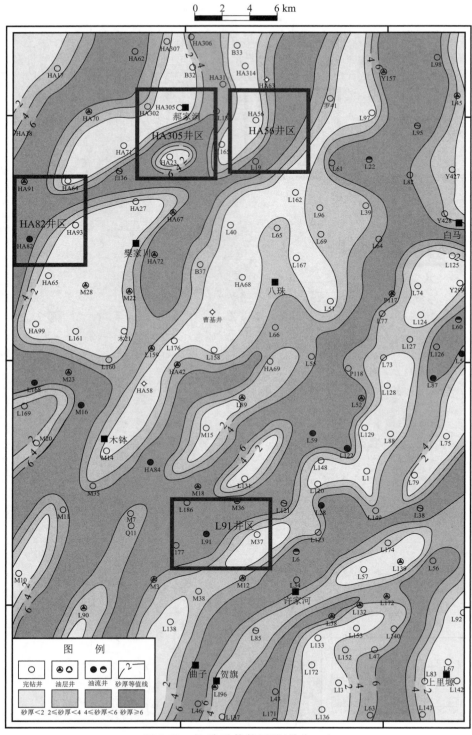

图 2-13 长 8_2^1 砂体等厚图(单位:m)

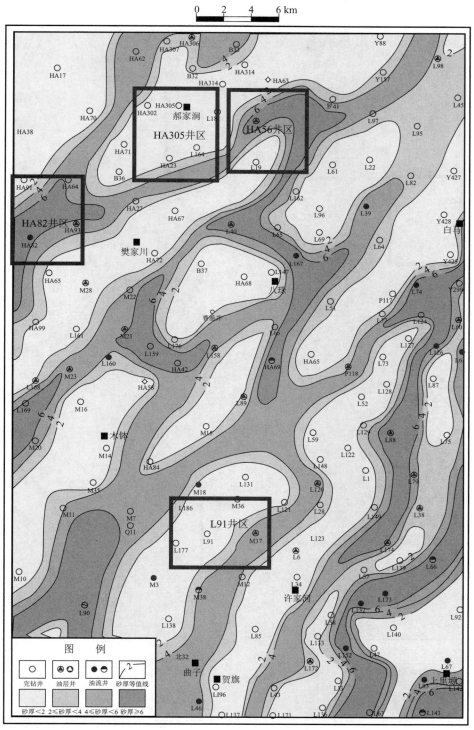

图 2-14　长 8_1^3 砂体等厚图(单位:m)

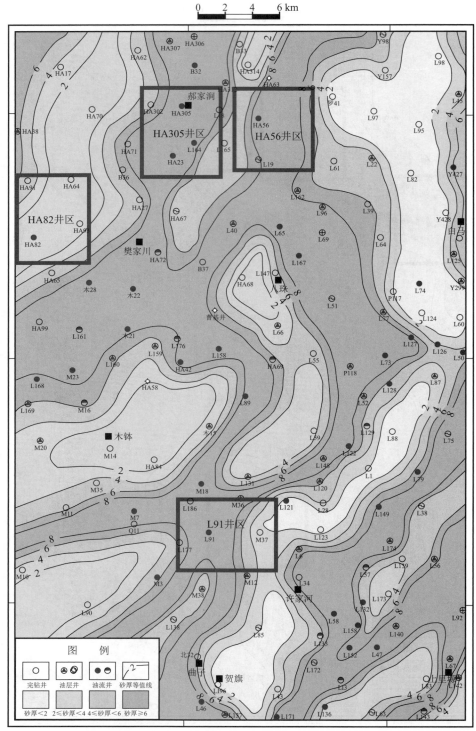

图 2-15　长 8_1^2 砂体等厚图(单位:m)

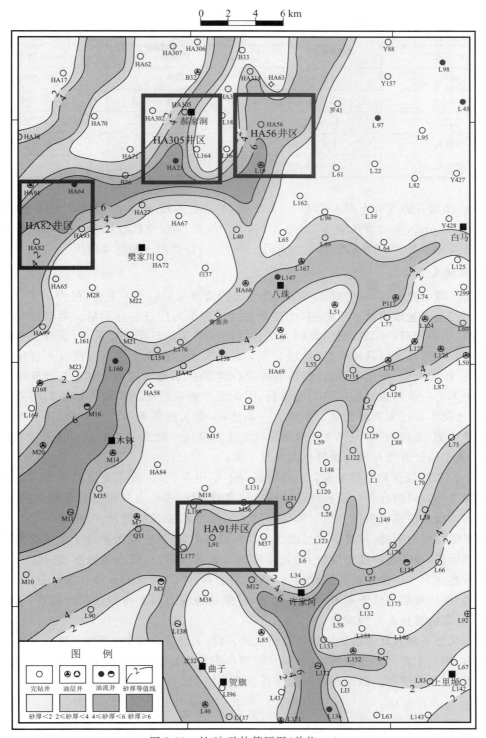

图 2-16　长 8_1^1 砂体等厚图（单位：m）

表 2-6　储层评价分类标准

孔隙度类型	孔隙度范围	渗透率类型	渗透率/($10^{-3}\ \mu m^2$)
特高孔	>30%	特高渗	>2 000
高孔	25%～30%	高渗	500～2 000
中孔	15%～25%	中渗	50～500
低孔	10%～15%	低渗	10～50
特低孔	5%～10%	特低渗	1～10
超低孔	<5%	超低渗	<1

长 8^1 储层孔隙度分布在 4.20%～14.31%，平均孔隙度 9.47%；渗透率分布在(0.05～8.09)×$10^{-3}\ \mu m^2$，平均渗透率 0.78×$10^{-3}\ \mu m^2$。长 8^1 储层物性较长 8^2 储层有所改善。依据储层分类标准长 8^1 储集砂体仍然为低孔—特低孔、特低渗—超低渗储层。

4) 裂缝发育特征

根据区域研究资料，尽管鄂尔多斯盆地内部的褶皱和断层均不发育，但作用于盆地周缘的应力必然会对盆地内部产生影响，表现为在盆地范围内广泛存在裂缝。对西南物源的平凉策底镇、平凉安口—铜城、铜川金锁关延长组剖面的天然裂缝进行观察，发现 3 个剖面均发育北东和北西向 2 组共轭裂缝，且以北东向最为发育。剖面上岩石裂缝发育程度与岩性密切相关，按泥页岩、泥质粉砂岩、粉砂岩到细砂岩顺序，裂缝密度由大到小有规律地变化。

由于无进一步的裂缝描述的相关资料，因此借鉴该区白豹油田长 6 油藏的裂缝研究成果：该区地层中存在天然微裂缝。多数为一条缝，少数为两条平行的直立缝，还有个别井为两条裂缝相交(夹角为 55°～66°)或垂直的直立缝。缝高一般 8～60 cm。受地下天然地应力的影响，人工裂缝方位与地面裂缝走向基本一致。

西峰长 8 油层天然裂缝发育，在地层条件下呈闭合状态，该区裂缝的发育方位与区域最大主应力的方向吻合[4]。岩心观察见到多种类型裂缝，主要有高角度裂缝和水平裂缝，水平裂缝多出现在层理面附近。由于本区储层水平层理和波状层理发育，很难在岩心观察时直接发现低角度的裂缝，主要是通过油气显示来证实的，因为在同等条件下油气会沿阻力最小的通道运移，即在孔隙度相近时，油气将沿高渗通道运移，也只有裂缝存在时才会显示这种明显的差异。本区微裂缝的发育特征，通过岩心薄片、二维 X-CT 岩石成像显示，微裂缝延伸不远，原始地层条件下基本呈闭合状态，可能是地应力与矿物溶蚀作用所致，显微镜下观察，沿微裂缝有长石溶蚀现象。

原始状态下多数低渗透砂岩裂缝是闭合的，属微裂缝或潜裂缝，裂缝宽度在孔隙直径的数量级内，不是主要的储油空间，其特征及表现和正常砂岩相似，但在外力(如压裂、注水等)长期作用下，这些潜在的微细裂缝可能张开发挥作用。

5) 储层非均质性

目前研究区属于勘探阶段，研究层位纵向跨度大，岩性、物性差别大，拟从层内非均质性、平面非均质性两个方面对研究区储层非均质性加以分析。

（1）层内渗透率非均质性。

层内非均质性是指一个单砂层内部在垂向上的储层性质变化，它是直接控制小层内部水淹厚度波及系数的关键地质因素。层内非均质性是评价储层的一个重要指标。一般层内非均质性可从垂向粒度分布的韵律性、层理构造、层内夹层以及层内渗透率非均质性等方面进行分析，本次研究主要对层内渗透率非均质性进行分析。

由于储层非均质性对注水开发的波及系数影响很大，因此，人们常把储层的渗透性优劣看作非均质性的集中表现，从而研究渗透率的各向异性，以揭示储层非均质性的本质。通常采用以下四个参数来评价储层非均质性特征。

① 渗透率变异系数（V_K）。

渗透率变异系数是指各单砂层渗透率的标准偏差与其平均值的比值，即

$$V_K = \frac{\sqrt{\sum_{i=1}^{n}(K_i - \bar{K})/n}}{\bar{K}}$$

式中　V_K——渗透率变异系数，无因次；

　　　　K_i——第 i 单砂层渗透率，$10^{-3}\ \mu m^2$；

　　　　$\bar{K}$——各单砂层平均渗透率，$10^{-3}\ \mu m^2$；

　　　　n——单砂层层数。

变异系数反映样品偏离整体平均值的程度，变化范围为 $V_K \geqslant 0$，该值越小，说明非均质程度越弱。一般来说，当 $V_K \leqslant 0.5$ 时为均匀型，表示非均质程度弱；当 $0.5 < V_K \leqslant 0.7$ 时为较均匀型，表示非均质程度中等；当 $V_K > 0.7$ 时为不均匀型，表示非均质程度强。

② 渗透率突进系数（T_K）。

渗透率突进系数是指选定井段或单砂层内渗透率最大值（K_{max}）与其平均值（$\bar{K}$）的比值，即

$$T_K = \frac{K_{max}}{\bar{K}}$$

式中　T_K——渗透率突进系数，无因次；

　　　　K_{max}——选定井段或单砂层内渗透率最大值，$10^{-3}\ \mu m^2$。

突进系数是评价层内非均质性的一个重要参数，变化范围为 $T_K \geqslant 1$。数值越小说明垂向上渗透率变化越小，油水和注入剂波及体积越大，驱油效果越好；数值越大，说明渗透率在垂向上变化越大，油水及注入剂由高渗透率段窜进，注入剂作用体积越小，水驱油效果越差。

③ 渗透率级差（J_K）。

渗透率级差是指一定井段或单砂层内渗透率最大值（K_{max}）与最小值（K_{min}）的比值，即

$$J_K = \frac{K_{max}}{K_{min}}$$

式中　J_K——渗透率级差，无因次；

　　　　K_{min}——一定井段或单砂层内渗透率最小值，$10^{-3}\ \mu m^2$。

渗透率级差是反映渗透率变化幅度的参数，即反映渗透率绝对值的差异程度，其变化范

围为 $J_K \geqslant 1$。数值越大,非均质性越强;数值越接近于 1,储层越趋近于均质。

④ 渗透率均质系数(K_p)。

渗透率均质系数表示砂层中平均渗透率与最大渗透率的比值,即

$$K_p = \frac{\overline{K}}{K_{max}}$$

显然 K_p 值在 0～1 之间变化,K_p 值越接近于 1 均质性越好。

参照渗透率非均质性参数评价标准(表 2-7),综合对比研究区长 8 共 6 个小层的平均级差、突进系数、变异系数和均质系数(表 2-8),据 5 900 余块样品的实测物性分析,平均变异系数均大于 0.7,突进系数均大于 3,渗透率级差大,渗透率均质系数均小于 0.5,总体反映长 8 砂岩储层非均质程度强。

表 2-7　渗透率非均质性参数评价标准

储层类型	变异系数	突进系数	级　差
均质储层	<0.5	<2.0	<2.0
中等非均质储层	0.5～0.7	2.0～3.0	2.0～6.0
强非均质储层	>0.7	>3.0	>6.0

表 2-8　研究区层内渗透率非均质性统计表

层位	变异系数 V_K			突进系数 T_K			级差 J_K			均质系数 K_p			样品数/块	井数/口	非均质分类
	最大	最小	平均	最大	最小	平均	最大	最小	平均	最大	最小	平均			
长 8_1^1	1.80	0.18	0.84		0.80	3.01	69.91	1.00	23.51	1.25	0.08	0.45	469	31	不均匀型
长 8_1^2	3.17	0.22	1.07		1.17	4.95		1.40	470.65	0.86	0.08	0.28	2 478	52	不均匀型
长 8_1^3	1.83	0.24	0.84	9.03	0.27	3.52	923.48	1.93	94.69	0.74	0.11	0.35	691	32	不均匀型
长 8_2^1	3.80	0.38	1.08		1.39	4.82		2.29	142.58	0.72	0.04	0.36	964	37	不均匀型
长 8_2^2	5.37	0.12	1.27		1.15	7.51		1.34	236.85	0.87	0.02	0.36	816	23	不均匀型
长 8_2^3	2.33	0.09	0.81		1.10	3.66	367.40	1.23	50.17	0.91	0.09	0.40	491	16	不均匀型

(2) 平面非均质性。

平面非均质性是指小层砂体的几何形态、规模、连续以及层内孔隙度、渗透率的平面变化的非均质性。它直接影响到注入剂的作用效率。渗透率变异系数总体反映样品偏离整体平均值的程度,选取变异系数的平面分布特征对平面非均质性进行研究。

长 8_2^3 变异系数分布在 0.09～2.33 之间,平均 0.81,变异系数大于 0.7 的样品数达

76.99％（图 2-17），主要为强非均质储层。平面上均质系数小于 0.5 的较均质储层主要沿木 3—木 18—L61 井区呈南北向条带状展布。

　　长 8_2^2 变异系数分布在 0.12～5.37 之间，平均 1.27，变异系数大于 0.7 的样品数达 68.26％（图 2-18），主要为强非均质储层。平面上均质系数小于 0.5 的较均质储层主要在木钵、八珠、曲子、许家河等区域呈东北—南西向条带状展布。

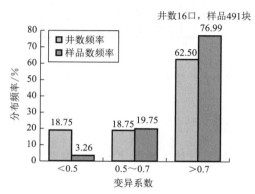

图 2-17　长 8_2^3 变异系数分布频率直方图

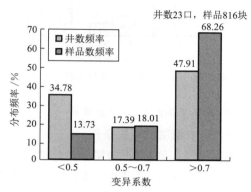

图 2-18　长 8_2^2 变异系数分布频率直方图

　　长 8_2^1 变异系数分布在 0.38～3.80 之间，平均 1.08，变异系数大于 0.7 的样品数达 72.77％（图 2-19），主要为强非均质储层，局部砂体主带发育弱非均质储层。

　　长 8_1^3 变异系数分布在 0.24～1.83 之间，平均 0.84，研究区大多区域变异系数大于 0.7，频率达 66.04％（图 2-20），主要为强非均质储层，在 M37 井区、HA42 井区、HA93 井区和 HA56 井区等局部砂体主带发育弱非均质储层。

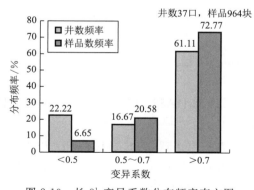

图 2-19　长 8_2^1 变异系数分布频率直方图

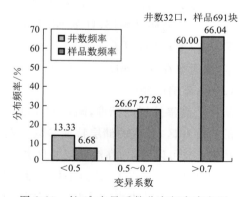

图 2-20　长 8_1^3 变异系数分布频率直方图

　　长 8_1^2 变异系数分布在 0.22～3.17 之间，平均 1.07，变异系数大于 0.7 的样品数达 69.82％（图 2-21），主要为强非均质储层，局部地区发育弱非均质储层。

　　长 8_1^1 变异系数分布在 0.18～1.80 之间，平均 0.84，研究区大多数区域变异系数大于 0.7（图 2-22），主要为强非均质储层，局部砂体主带发育弱非均质储层。

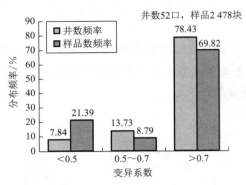

图 2-21　长 8_1^2 变异系数分布频率直方图

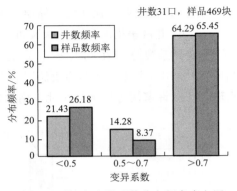

图 2-22　长 8_1^1 变异系数分布频率直方图

6）高渗储层的控制因素分析

（1）高渗储层的判别条件。

前面已经提到，依据储层分类标准，长 8^1、长 8^2 储集砂体为特低渗—超低渗储层。从提供的试油资料来看，油井均需要压裂改造才能生产。

从单井试采特征分析资料来看，45 口试采井中，有 29 口井（占试采井总数的 64.44%）日产油量不超过 1 t，平均单井日产油 0.41 t，而产油量在 1 t 及以上的井 16 口，占试采井总数的 35.56%。长 8 储层中试采 3 个月日产油大于 2 t 的井很少，可见长 8 储层为低产层。

从提供的测井解释成果及试油成果来看，仅仅从测井解释提供的渗透率成果并不能很好地界定出高渗区。因此，采用以下几点来界定高渗区。

① 单井试油产量较高，日产液量>10 t。

② 单井试采前 3 个月平均日产油>2 t。

③ 单井试采累计产油在 400 t 以上。

④ 有一定的储量规模，且单小层储量丰度>25×10⁴ t/km²。

⑤ 孔隙度在 8% 以上。

⑥ 渗透率在 0.5 mD（1 mD = 0.987×10⁻³ μm²）以上。

（2）高渗储层井区。

从以上高渗储层的标准，确定 HA305，HA56，L91 和 HA82 四个重点研究井区属于长 8 储层的高渗井区，井区的储层特征参数见表 2-9。

从表 2-9 可以看出，高渗储层井区井点平均渗透率均达到 0.55 ×10⁻³ μm² 以上，井点平均孔隙度达 9.7% 以上，井点平均试油产量达 10.8 t/d 以上，最大单井试采产量在前 3 月均保持了 2 t 以上的水平。从井区整体情况看，井区控制储量均达到了 175×10⁴ t 以上，储量丰度达到 29×10⁴ t/km² 以上，是较为理想的建产区域。

（3）高渗井区储层特征。

这些区块均处于水下分流河道微相，分流河道砂体发育，且位于河道主体部位。按照本书后面提供的储层评价标准及所处位置，L91 井区和 HA305 井区主要位于 Ⅰ 类储层发育区，平均孔隙度和渗透率都高；其余井区均位于 Ⅱ 类储层发育区。

表 2-9　高渗井区储层参数表

井　区	平均油层厚度/m	平均孔隙度/%	平均渗透率/(10⁻³μm²)	平均含水饱和度/%	试油平均日产油/t	试采单井累计产油/t	试采单井日产油/t	备　注	含油面积/km²	总储量/(10⁴ t)	总储量丰度/(10⁴ t·km⁻²)
HA305井区	15.3	11.0	2.4	50.5	15.4	197.0	2 个月>5	试采2 个月	23.9	1 169.7	49.0
HA56井区	12.7	9.7	0.6	52.7	18.0	426.0	5 个月>2		55.4	1 592.0	29.0
L91井区	17.0	11.2	0.9	42.0	18.2	1 073.0	9 个月>3	合采$8_1^1,8_2^1$	32.6	1 282.0	39.0
HA82井区	20.3	9.9	1.2	47.2	10.8	680.0	9 个月>2	合采$8_1^3,8_2^1$	5.5	175.0	32.0

（4）高渗储层的控制因素。

高渗储层的控制因素主要包括沉积控制和受构造运动影响而产生的裂缝控制两种。从图 2-23 可以看出,研究区储层孔隙度和渗透率有着较好的正相关关系,为典型的孔隙型储层。说明该区高渗储层主要是由沉积相所控制。

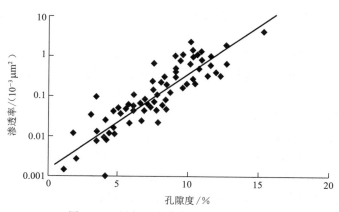

图 2-23　研究区孔隙度与渗透率交汇图

在沉积控制高渗储层的因素中主要有以下几点:

① 受沉积微相的影响,水下河道区渗透性较好。

有利的沉积相带是油气富集成藏、大面积分布的重要地质基础,是油气运移聚集的最有利载体。寻找储层发育的有利沉积相带是评价石油预探区带、预测有利勘探目标的关键。三角洲沉积体系的各个亚相,由于其距离油源的远近不同,在捕获油气的优先程度上存在着明显的差异。在三角洲平原、三角洲前缘、前三角洲等亚相中,三角洲前缘亚相具有砂体发育、储集性能良好、距离油源近等特征,是油气聚集的最有利相带。

研究区为浅水三角洲内前缘沉积,水下分流河道广泛发育,垂向上相互叠置,形成了大面积的砂体展布,为油气储集最有利的沉积相带。

沉积微相对储层物性的控制,主要表现在沉积微相类型控制着砂体的展布范围和内部的结构变化,不同微相类型就有不同的沉积构造、粒度、分选等特征,而这正决定储层的结构差异和物理特性。不同的沉积微相带其孔渗性不同,如水下分流河道砂体由于沉积时水动力条件较强,杂基含量低,砂岩粒度较粗,云母矿物及泥质含量相对较低,原始粒间孔隙较发育,孔隙度和渗透率就较高,储集性能较好,有利于油气聚集。从研究区有利油藏展布特征与沉积微相关系来看,油藏主要分布在三角洲平原分流河道(图 2-24 和图 2-25)。

② 受沉积岩类型的影响,石英砂岩的渗透性最好。

本区岩石类型对储层的影响,以中—细粒和细粒长石砂岩物性相对较好;细—粉细粒长石砂岩相对中等;粉砂岩较差;而含泥质较高的砂岩类基本上为差储层或非储层。

③ 油气运移通道是高渗储层的又一主要控制因素。

石油运移通道是指原油经初次运移之后,从输导层到储集层运移途径的路径网络系统。目前的认识表明输导体系包括了三类油气运移途径,即孔隙性砂体运移、不整合运移和裂缝或断裂运移。鄂尔多斯盆地具有构造稳定、持续沉降、整体抬升、坡降宽缓、褶皱微弱等地质特征,通常在盆地内较少发育大型活动性断裂体系,由此决定了渗透性砂体和不整合面是鄂尔多斯盆地中生界最主要的油气运移通道。

研究区长 8 储集砂体紧邻上覆的长 7 优质烃源岩,在有利的输导体系和向下运移的动力条件下,具有优先捕获油气的优越条件。通过对研究区岩心、物性、地球化学以及含油性关系的研究,认为本研究区长 8 叠合连片的孔隙型砂体和裂缝体系是石油向下运移的主要通道。

研究区延长组长 8 裂缝较为发育(图 2-26),裂缝系统为长 7 烃类向下运移提供了优势运移通道,长 7 所生石油在异常高压作用下,通过垂向叠置的砂体和裂缝系统,向下运移至长 8 储层。

④ 分选好的储层则渗透性较好。

储层分选好、高渗是油藏高产的重要因素。研究区延长组长 8 储层物性虽然总体较差,但也存在相对高渗砂岩储层,油藏的分布与高产往往与其有直接的关系。

从研究区储层评价分类和有利区分布关系图来看,研究区油藏的分布和高渗的优质储层较为吻合,油藏多分布在 I 类和 II 类储层物性较好的区域,如长 8_1^2 油藏主要分布在 I 类和 II 类储层;长 8_2^1 油藏主要位于 I 类储层内。

⑤ 成岩作用对高渗层的影响。

延长组储集砂体主要是分流河道砂体,主要以分选较好的中—细粒、细粒的岩屑长石砂岩为主。根据已有资料的分析,延长组储层的原始孔隙度高达 35%,而现今的孔隙度仅为 6%～15%,导致这一变化的原因与其在埋藏历史中经历了一系列复杂的成岩作用有关,如压实、溶蚀及胶结等作用。成岩作用是控制储层发育和油气成藏的一个重要条件。

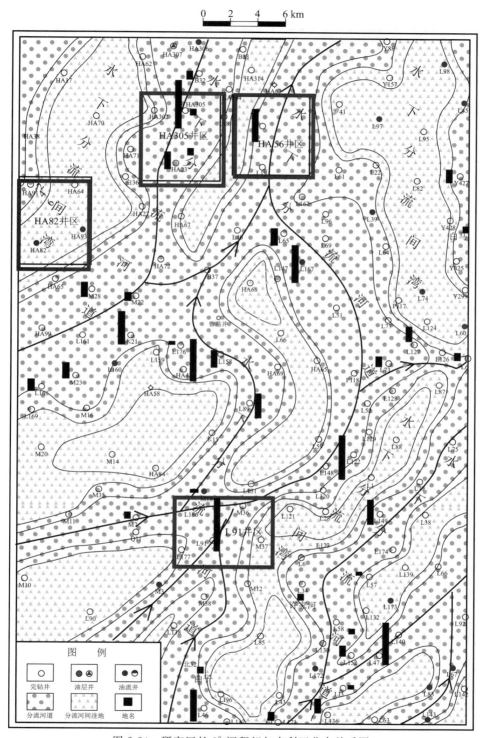

图 2-24　研究区长 8$_1^2$ 沉积相与有利区分布关系图

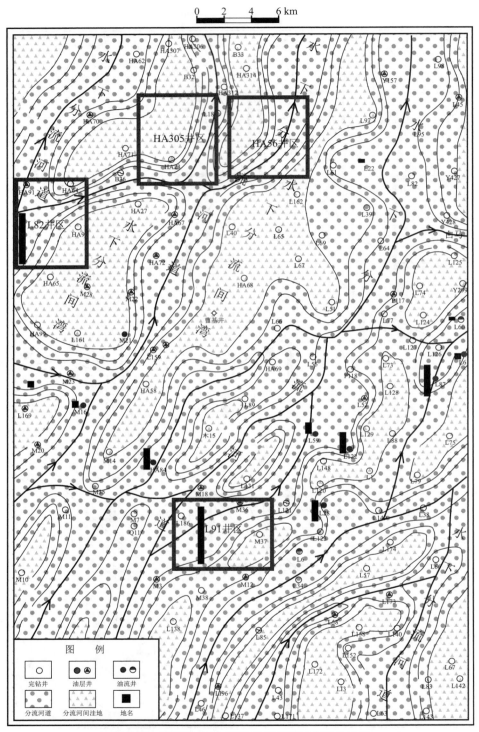

图 2-25　研究区长 $8\frac{1}{2}$ 沉积相与有利区分布关系图

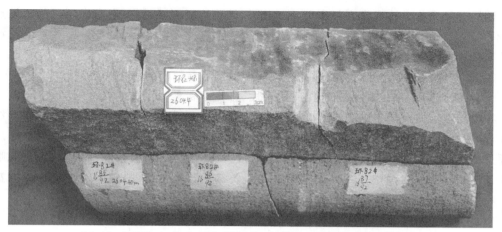

(a) A7, 2 604.4 m, 长8¹, 高角度相交的两组裂缝, 裂缝面见油气运移痕迹

(b) A8, 2 617 m, 长8², 方解石强烈充填裂缝　　　(c) A9, 2 210.05 m, 长8², 发育高角度缝

图 2-26　研究区长 8 裂缝特征

7）储层综合评价

鄂尔多斯盆地三叠系延长组是我国最典型的低渗、特低渗乃至超低渗储层分布区,为了能全面地反映储层结构特性,更客观地认识鄂尔多斯盆地中生界储层内流体的渗流规律,结合鄂尔多斯盆地延长组储层特点,对研究区中生界储层进行分类评价研究,建立适应鄂尔多斯盆地中生界储层特点的分类评价参数体系,对中生界储层有效开发技术攻关有着重要的意义。

（1）储层评价参数的选取。

中华人民共和国石油天然气行业标准《油气储层评价方法》(SY/T 6285—2011)将低渗层的渗透率上限定为 $50 \times 10^{-3} \ \mu m^2$。标准将低渗碎屑岩储层分为低渗($10 \times 10^{-3} \sim 50 \times 10^{-3} \ \mu m^2$)、特低渗($1 \times 10^{-3} \sim 10 \times 10^{-3} \ \mu m^2$)、超低渗($< 1 \times 10^{-3} \ \mu m^2$)储层。

通过资料调研,国内外储层分类一般采用渗透率作为标准(陆克政、李道品等)。按照这些储层分类标准,鄂尔多斯盆地中生界属于低孔特低渗—超低渗储层,因此简单地沿用传统的评价参数和评价方法,不适用于鄂尔多斯盆地延长组储层分类的研究,不能完全反映低渗油藏的特征。

储层分类评价方法通常有很多种,不同油区储层特征不同,研究者考虑问题的出发点不同,不同地区不同研究者就会采取不同的评价方法。在储层综合评价分类中,参数的选择比较重要。在选择有效参数时应该考虑到以下几点:

① 研究各单项参数对储层特征的影响程度以及各参数间的相互关系。

② 参考研究区的具体特点,选择有代表性、可比性和实用性的参数。

在总结以前研究成果的基础上,结合鄂尔多斯盆地低孔低渗的实际情况,根据长 8 沉积特征、储层特征等的研究,在综合研究的基础上,筛选出以下储层分类参数,作为低渗储层分类评价的标准。主要选取沉积特征、填隙物、物性特征、孔隙类型、孔隙结构特征、主流喉道半径、有效孔隙度、含油饱和度等作为评价的主要参数。其中,反映储层宏观特征的参数有沉积相、填隙物等;反映储层孔隙结构的参数有孔隙度、渗透率。

(2)储层评价标准。

在储层综合评价中,通过对各分类参数的综合考虑,同时结合试油试采等资料,建立了一个适合研究区的特低渗、超低渗储层的分类标准(表 2-10)。

表 2-10 研究区长 8 储层综合分类评价表

分类 参数		Ⅰ	Ⅱ	Ⅲ	Ⅳ
沉积微相		分流河道		分流河道、天然堤、决口扇	
物性	渗透率 /($10^{-3} \mu m^2$)	≥10.00	5.00~10.00	3.00~5.00	1.00~3.00
		≥1.00	0.50~1.00	0.30~0.50	0.10~0.30
	孔隙度 /%	≥14.0	12.0~14.0	10.0~12.0	8.0~10.0
		≥12.0	10.0~12.0	8.0~10.0	6.0~8.0
填隙物含量/%		≤8.0	8.0~12.0	12.0~14.0	14.0~16.0
孔隙组合		粒间孔	粒间孔-溶孔	溶孔-微孔	溶孔-微孔
粒度		粗—中粒、细—中粒砂岩	中粒、细—中粒砂岩为主,并见细粒砂岩	以细粒为主,见中砂岩	以细粒、极细粒砂岩为主
含油饱和度/%		≥50	40~50	30~40	20~30

Ⅰ类储层:主要分布于分流河道、水下分流河道和河口坝沉积微相,岩石为粗—中粒、细—中粒砂岩,主要发育粒间孔等。这类储层不仅孔、渗较高,而且砂体厚度大,非均质性弱,是研究区好储层。

Ⅱ类储层:主要分布于分流河道、水下分流河道和河口坝沉积微相,岩石为中粒、细—中粒砂岩,并见细粒砂岩,主要发育粒间孔-溶孔。这类储层孔、渗较高,砂体厚度较大,非均质性弱,是研究区较好储层。

Ⅲ类储层:主要分布于分流河道、天然堤、决口扇和远砂坝沉积微相,岩石以细粒为主,见中砂岩,主要发育溶孔-微孔。这类储层孔、渗较低,砂体厚度较薄,非均质性较强,是研究区一般储层。

Ⅳ类储层:主要分布于分流河道边部、天然堤、决口扇和远砂坝沉积微相,岩石以细粒、极细—细粒砂岩为主,主要发育溶孔-微孔。这类储层孔、渗低,砂体厚度薄,非均质性较强,是研究区差—非储层。

(3)储层综合分类评价。

根据鄂尔多斯盆地特低渗储层的实际,借鉴前人对储层的综合研究成果,结合长 8 沉积及储层特征,在对储层进行综合分类的基础上,对研究区长 8 各小层储层进行综合评价。

长 8_2^3 储层:砂岩储层物性一般,含油面积较小,以Ⅱ类(较好)储层和Ⅲ类(一般)储层分布面积为最大。Ⅰ类储集砂岩不发育,仅在研究区的 L60 井区和 L67 井区局部发育(图 2-27)。

长 8_2^2 储层:砂岩储层物性一般—较好,含油面积较大,以Ⅱ类(较好)储层分布面积为最大。Ⅰ类储集砂岩主要发育在分流河道主砂体带上,分布面积 90 km²,主要分布在 L98 井区和 L91 井区(图 2-28)。

长 8_2^1 储层:砂岩储层物性一般—较好,含油面积较大,以Ⅰ类(好)储层分布面积为最大。Ⅰ类储集砂岩分布面积 150 km²,主要分布在 HA82 井区、L168—M16 井区、L91 井区和 L85 井区(图 2-29)。

长 8_1^3 储层:砂岩储层物性一般—较好,含油面积较大,以Ⅰ类(好)储层和Ⅱ类(较好)储层分布面积为最大。Ⅰ类储集砂岩分布面积 100 km²,主要分布在 HA82 井区、L160—HA42 井区、L74 井区、L46 井区和 L56 井区(图 2-30)。

长 8_1^2 储层:砂岩储层物性较好,含油面积大,为研究区主力含油层系,以Ⅰ类(好)储层和Ⅱ类(较好)储层分布面积为最大。Ⅰ类储集砂岩分布面积 145 km²,主要分布在 M23—M21—HA305 井区和 L46 井区(图 2-31)。

长 8_1^1 储层:砂岩储层物性较好,含油面积较大,以Ⅰ类(好)储层和Ⅱ类(较好)储层分布面积为最大。Ⅰ类储集砂岩分布面积 210 km²,主要分布在研究区的中南部(图 2-32)。

2.3　复杂块状特低渗油藏开发现状及存在的问题

2.3.1　试油分析

(1)HA56 区块。

统计 HA56 区块 38 口油井试油资料,区块主要试油层位为长 8 层,部分井在其他层位试油,如 HA499-51 井在延 6 层 1 821.0～1 822.5 m 采用爆压试油,HA507-48A 井在长 7 层 2 441.0～2 446.0 m 采用"前置酸 15＋超低浓度胍胶＋陶粒压裂"试油,但效果均不理想。

长 8 层采取的主要试油方式为前置酸多级加砂陶粒压裂,前置酸陶粒压裂,前置酸清洁压裂液压裂,前置酸缝内转向陶粒压裂,封堵＋超低浓度胍胶定向射孔＋陶粒压裂,前置酸＋清洁压裂液＋多级陶粒压裂,定向射孔多缝＋超低浓度胍胶陶粒压裂,超低浓度胍胶＋暂堵多缝陶粒压裂等。长 8 层 38 口井试油结果表明,油井压后单井日产油 4.2～31.2 m³ 不等,平均单井日产油 12.6 m³,单井日产水 0～8.9 m³,平均单井日产水 1 m³;区块试油期间累计产油 1 404.2 t,平均单井产油 36.9 t,区块累计排液 6 263.8 m³,平均单井排液 164.8 m³。

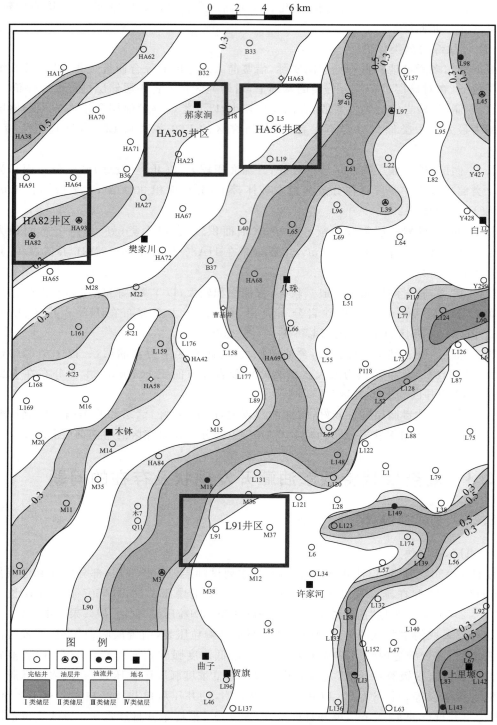

图 2-27　研究区长 8_2^3 储层综合评价图

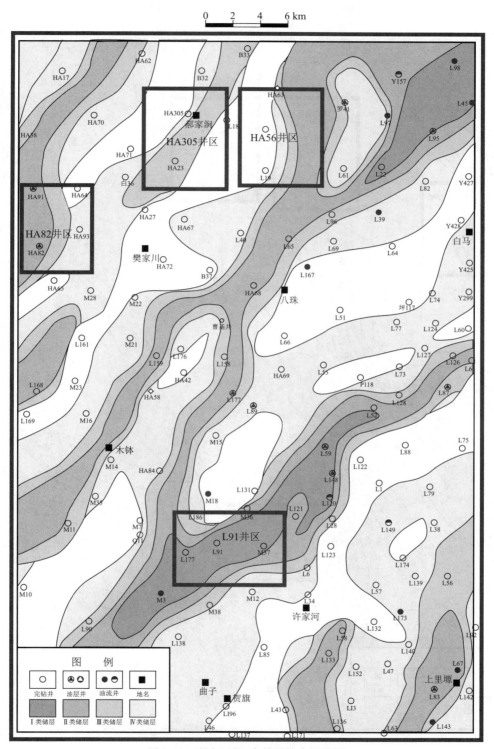

图 2-28　研究区长 8_2^2 储层综合评价图

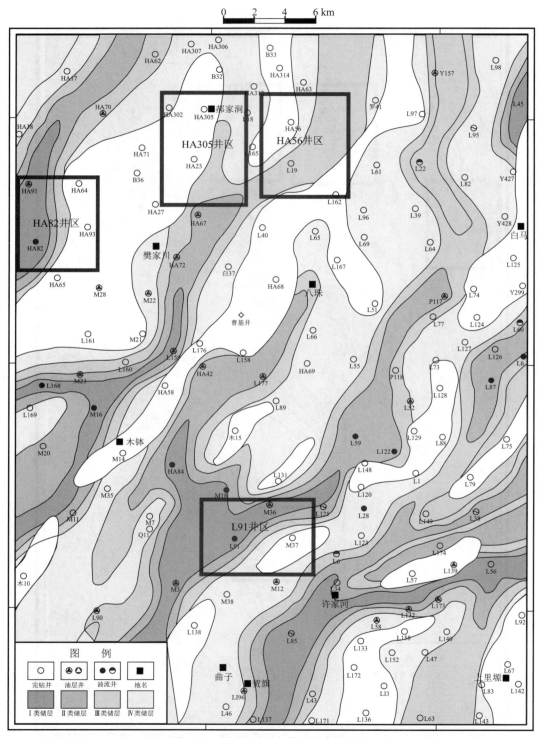

图 2-29　研究区长 8_2^1 储层综合评价图

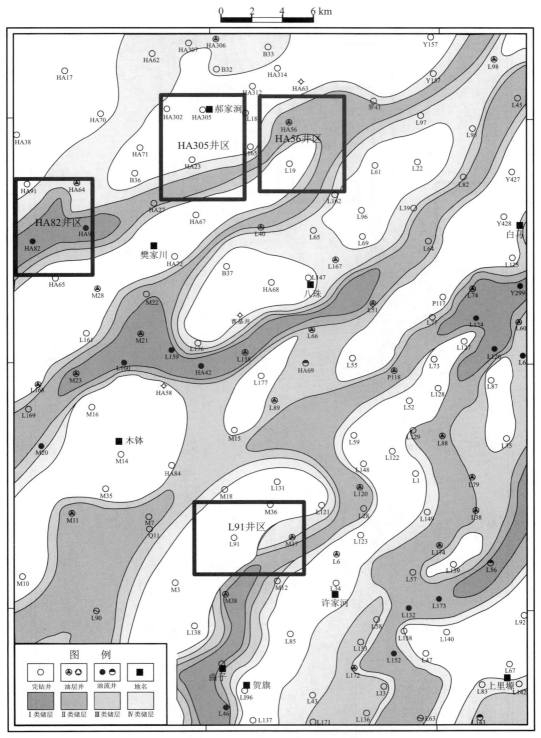

图 2-30　研究区长 8_1^3 储层综合评价图

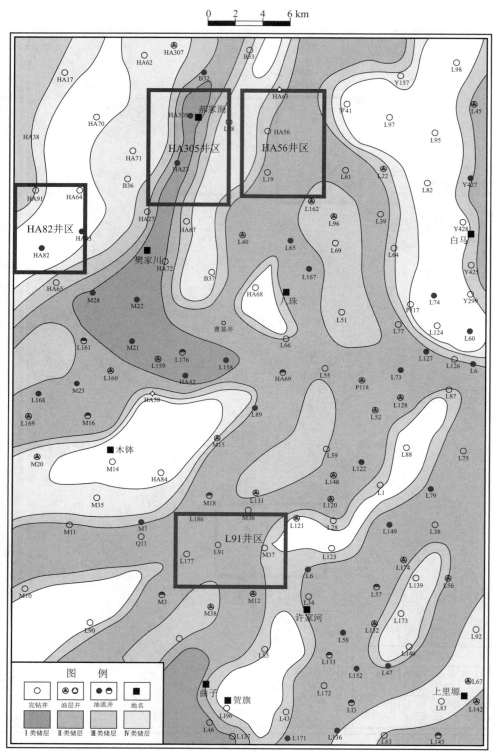

图 2-31 研究区长 8_1^2 储层综合评价图

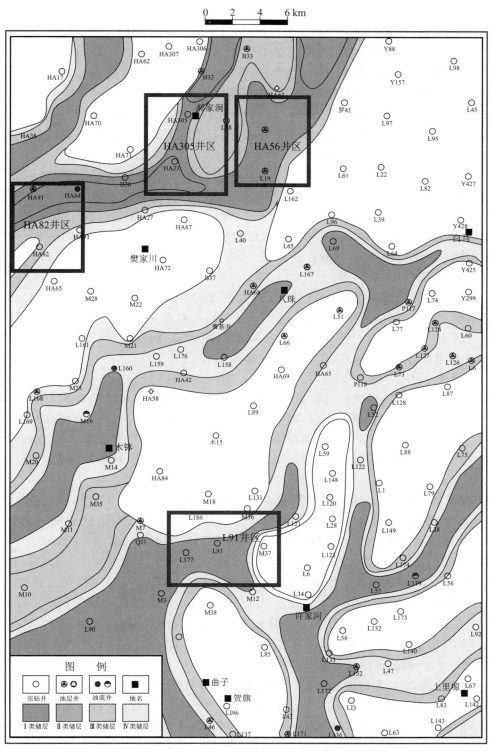

图 2-32　研究区长 8₁ 储层综合评价图

（2）HA305 区块。

统计 HA305 区块 60 口油井的试油资料可知，区块主要试油层位为长 8 层，部分井在其他层位试油，如 HA507-68 井同时在延 9、延 10 层试油，并在延 9 层取得 18.3 m^3/d 的产油量，在延 10 层没有见到工业油流；HA511-70 井同时在延 10 和长 8 层试油，在延 10 层取得 5.2 m^3/d 的产油量；HA516-66 井在延 10 层试油效果较好，产油 43.3 m^3/d；HA514-65 井在延 9 层试油失败。

HA305 区块储层改造措施与 HA56 区块改造方式类似，主要包括前置酸多级加砂陶粒压裂、前置酸陶粒压裂、前置酸清洁压裂液压裂、前置酸缝内转向陶粒压裂等。HA305 区块长 8 层 60 口井试油结果表明，油井压后单井日产油 1.2～59.7 m^3 不等，平均单井日产油 17.3 m^3；单井日产水 0～34.8 m^3，平均单井日产水 2.2 m^3；区块试油期间累计产油 2 746.3 t，平均单井产油 45.8 t，区块累计排液 8 449.6 m^3，平均单井排液 140.8 m^3。

（3）HA82 区块。

统计 HA82 区块 16 口油井的试油资料可知，区块主要试油层位为长 8 层，部分井在其他层位试油，如 HA214-63 井同时在延 9、长 3、长 8 层试油，延 9 层取得 14.1 m^3/d 的产油量，长 3 层试油无效。

HA82 区块储层改造措施与 HA56 区块改造方式类似。HA82 区块长 8 层 16 口井试油结果表明，油井压后单井日产油 0～43.8 m^3 不等，平均单井日产油 20.3 m^3；单井日产水 0～17.4 m^3，平均单井日产水 3.2 m^3；区块试油期间累计产油 780.5 t，平均单井产油 48.8 t，区块累计排液 3 763.8 m^3，平均单井排液 235.2 m^3。

（4）AL91 区块。

统计 AL91 区块 14 口油井的试油资料可知，与 HA56，HA305，HA82 区块不同，AL91 区块主要试油层位为延 10 层和长 8 层，如 L87-06 井在延 10 层试油，取得 3.3 m^3 的日产油量；L184-54 井同时在延 10 和长 8 层试油，延 10 层取得 8.4 m^3 的日产油量；L88-05 井在延 10 层试油，取得 11.7 m^3 的日产油量；AL88-07A，AL90-06，AL90-07，L88-04 等井的试油层位全在延 10 层。

AL91 区块 14 口井试油结果表明，油井压后单井日产油 0～29.1 m^3 不等，平均单井日产油 12 m^3；单井日产水 0～24 m^3，平均单井日产水 5.1 m^3；区块试油期间累计产油 409.6 t，平均单井产油 29.3 t，区块累计排液 1 279.1 m^3，平均单井排液 91.4 m^3。

（5）AL167 区块。

统计 AL167 区块 20 口油井的试油资料可知，AL167 区块主要试油层位为延 10 层，部分井在其他层位试油，如 L275-24 井在长 6、长 8 层试油，长 6 层日产油 7.8 m^3；AL281-24 井在长 7 层试油，取得 6.9 m^3 的日产油量；AL275-21 井在长 8 层试油，取得 16.5 m^3 的日产油量；AL170-5A 井在长 8 层试油没有见到工业油流；AL 平 167-4A 水平井在延 9 层试油，取得 30.6 m^3 的日产油量，效果较好。

AL167 区块 20 口井试油结果表明，油井压后单井日产油 0～50.4 m^3 不等，平均单井日产油 14.1 m^3；单井日产水 0～34.5 m^3，平均单井日产水 9.4 m^3；区块试油期间累计产油 699.6 t，平均单井产油 35 t，区块累计排液 2 120.5 m^3，平均单井排液 105.1 m^3。

从以上统计资料看，HA82，HA305，AL167 和 HA56 区块试油效果较好，平均单井日产油分别为 20.3，17.3，14.1 和 12.6 m^3；AL91 区块跨三叠系和侏罗系开发，平均试油单井日产量 5.1 m³,效果有待提高。

2.3.2　注水情况

注水井方面,统计 HA56 区块 7 口水井、HA305 区块 28 口水井、HA82 区块 10 口水井、AL91 区块 2 口水井和 AL167 区块 2 口水井投注资料可知,HA 长 8 水井大部分为燃爆投注,少量水井为活性水压裂投注,如 HA56 区块 HA508-51 井,L91 区块 L88-06 井和 L86-06A 井。

对长 8 储层主要区块目前注水情况进行统计分析,结果见表 2-11～表 2-14。

表 2-11　HA82 区块注水现状

井　号	层　位	注水时间/d	油压/MPa	套压/MPa	配注/m³	实注/m³	累注/m³
HA197-53	长 8	159	13.5	13.5	15	15	1 488
HA203-55	长 8	143	0.0	0.0	0	0	996
HA205-57	长 8	143	12.0	12.0	15	15	1 144
HA205-59	长 8	139	12.0	12.0	15	15	1 134
HA201-57	长 8	139	12.0	12.0	15	15	1 145
HA199-55	长 8	161	0.0	0.0	0	0	1 393
HA203-57	长 8	161	0.0	0.0	0	0	1 455
HA205-54A	长 8	78	0.0	0.0	0	0	490
HA197-55	长 8	31	11.0	11.0	20	20	16
HA195-53	长 8	29	11.0	11.0	20.0	24	

表 2-12　HA56 区块注水现状

井　号	层　位	投注初期(注水大于 15 d)				目前注水情况				累注(至 10 月底)/m³
		油压/MPa	套压/MPa	配注/m³	实注/m³	油压/MPa	套压/MPa	配注/m³	实注/m³	
HA496-47	长 8	15.8	15.9	10	11	15.5	15.3	20	20	4 661
HA496-49	长 8	16.5	15.7	10	10	16.8	16.5	20	20	3 271
HA504-51	长 8	15.5	15.5	10	10	14.5	14.5	20	20	2 966
HA506-53	长 8	14.5	14	10	10	15	14.5	20	20	2 922
HA498-49	长 8	16.8	14	20	20	15.1	15.1	30	30	9 096
HA500-45	长 8	17.5	16.5	10	10	14.8	14.3	20	20	3 215
HA502-49	长 8	17.3	15.6	15	16	15.3	15	25	25	5 690
HA498-45	长 8	17.3	15.6	10	10	15.3	15	20	20	3 207
HA500-51	长 8	18.8	13.5	10	10	15.6	15.4	25	25	5 175
HA498-47	长 8	18	17.5	10	10	15.2	15	30	30	4 654
HA502-51	长 8	14.8	14.6	20	20	14.8	14.6	20	20	2 061
HA500-47	长 8	14.0	14.0	20	20	14.0	14.0	20	20	701
HA502-47	长 8	14.0	14.0	20	20	14.0	14.0	20	20	700

表 2-13　HA305 区块注水现状

井　号	层　位	投注初期(注水大于 15 d)				目前注水情况				累注(至 10 月底)/m³
		油压 /MPa	套压 /MPa	配注 /m³	实注 /m³	油压 /MPa	套压 /MPa	配注 /m³	实注 /m³	
HA515-69	长 8	5.0	5.0	15	15	5.0	5.0	15	15	2 434
HA517-67	长 8	7.2	7	10	6	7.2	7	10	6	2 213
HA519-71	长 8	15	15	10	0	12.5	12	20	20	1 749
HA521-71	长 8	15	15	10	0	13	13	20	20	2 719
HA523-73	长 8	10.8.	10.8	10	10	14	14	20	20	3 032
HA515-67	长 8	14.5	13.8	10	10	13	13	15	15	731
HA521-69	长 8	14.0	14.0	15	15	14.0	14.0	15	15	896
HA519-67	长 8	15.5	15.5	15	15	15.5	15.5	15	15	896
HA511-65	长 8	13.0	13.0	15	15	13.0	13.0	15	15	731
HA513-65	长 8	13.0	13.0	15	15	13.0	13.0	15	15	746
HA513-69	长 8	12.5	11.5	15	15	12.5	11.5	15	15	609
HA517-71	长 8	13.0	12.5	15	15	13.0	12.5	15	15	609
HA505-63	长 8	12.0	12.0	20	20	12.0	12.0	20	20	234
HA515-65	长 8	12.5	12.0	20	20	12.5	12.0	20	20	198
HA515-71	长 8	13.5	13.0	15	15	13.5	13.0	15	15	30

表 2-14　AL91 区块注水现状

井　号	层　位	投注初期(注水大于 15 d)				目前注水情况				累注(至 10 月底)/m³
		油压 /MPa	套压 /MPa	配注 /m³	实注 /m³	油压 /MPa	套压 /MPa	配注 /m³	实注 /m³	
AL179-50	长 8	7.5	7.5	20	22	12.5	12.0	10	10	4 721

　　从表 2-11～表 2-14 HA 长 8 主要区块中重点井位的注水情况分析可以看出,HA 长 8 油藏注水情况良好,注水量基本都能达到配注要求,也说明燃爆压裂是水井投注的有效措施。超前注水对油田开发起到重要作用,使目前长 8 油藏地层压裂保持在 21 MPa 左右。

2.3.3　开发现状

　　统计长 8 储层主要区块目前开发情况,各区块合计开发现状见表 2-15,各井生产情况见表 2-16。

表 2-15　HA长 8 区块开发现状小计

序号	区块	井数	油层情况		试油		前三月平均产量				半年产量				目前产量			
			油层/m	差油层/m	日产油/t	日产水/t	日产液/m³	日产油/t	含水率/%	液面高/m	日产液/m³	日产油/t	含水率/%	液面高/m	日产液/m³	日产油/t	含水率/%	液面高/m
1	HA56 区小计	32	13.7	2.2	13.5	0.0	3.8	2.9	8.9	1359	3.6	2.8	7.1	1435	3.4	2.6	9.5	1471
2	HA305 区小计	10	14.4	6.4	18.6	0.0	8.5	6.2	12.5	810	0.0	0.0	0.0	0	6.3	4.7	12.7	1190
3	HA82 区小计	4	7.7	5.2	15.9	0.0	5.7	3.0	36.5	1082	3.6	2.8	6.6	1279	2.3	1.8	6.4	1187
4	AL167 区小计	2	11.9	4.2	8.3	7.7	0.0	0.0	0.0	0	0.0	0.0	0.0	0	4.6	3.5	9.1	1413
5	AL91 区小计	6	4.6	1.8	7.3	0.0	5.0	1.5	63.6	1191	4.7	1.4	63.8	1198	4.2	1.5	58.8	1252
	小计及平均值	54	12.3	3.2	13.8	0.3	5.0	3.4	18.9	1213	3.8	2.6	17.0	1387	4.0	2.8	16.1	1371
6	AL47 区小计	1	8.8	1.8	9.6	0.0	1.6	1.1	23.9	0	1.5	1.2	5.6	0	1.4	1.2	4.9	0
7	镇246 区小计	41	9.4	3.6	10.5	2.9	2.8	1.6	31.5	1290	2.2	1.5	19.7	1394	2.1	1.2	30.0	1396
	合计及平均值	96	11.0	3.4	12.3	1.4	4.0	2.6	24.4	1234	3.0	2.1	18.2	1374	3.2	2.1	21.9	1368

表 2-16　HA长 8 储层投产井生产情况

序号	区块	井号	第一月产量				第二月产量				第三月产量				半年产量				目前产量			
			日产液/m³	日产油/t	含水率/%	液面高/m	日产液/m³	日产油/t	含水率/%	液面高/m	日产液/m³	日产油/t	含水率/%	液面高/m	日产液/m³	日产油/t	含水率/%	液面高/m	日产液/m³	日产油/t	含水率/%	液面高/m
1	HA56	HA498-48	3.92	2.67	18.9	1538	4.12	2.87	17.0	1580	1.93	1.37	15.5	1588	3.29	2.36	14.5	1271	3.29	2.36	14.5	1271
2		HA497-48	4.91	3.28	20.6	1480	3.64	2.83	7.4	1494	2.08	1.64	6.3	1541	3.02	2.00	21.0	1311	3.02	2.00	21.0	1311
3		HA497-49	3.66	2.96	3.8	1575	3.94	3.17	4.3	1587	3.40	2.71	5.0	1589	3.45	2.75	5.0	1557	3.45	2.75	5.0	1557
4		HA499-49	4.07	3.16	7.6	1591	4.09	3.27	4.9	1503	4.24	3.42	4.0	1447	3.16	2.53	4.8	1492	3.16	2.53	4.8	1492
5		HA499-50	2.91	2.36	3.4	1581	2.09	1.67	4.8	1518	1.78	1.44	3.9	1455	4.02	3.23	4.2	1514	4.02	3.23	4.2	1514
6		HA501-50	3.25	2.53	7.4	1562	4.05	3.23	4.9	1300	4.34	3.48	4.6	1304	3.15	2.55	3.8	1601	3.15	2.55	3.8	1601

续表

序号	区块	井号	第一月产量				第二月产量				第三月产量				半年产量				目前产量			
			日产液/m³	日产油/t	含水率/%	液面高/m	日产液/m³	日产油/t	含水率/%	液面高/m	日产液/m³	日产油/t	含水率/%	液面高/m	日产液/m³	日产油/t	含水率/%	液面高/m	日产液/m³	日产油/t	含水率/%	液面高/m
7		HA498-50	4.35	3.23	11.5	1505	3.20	2.44	9.4	1472	3.21	2.43	10.0	1298	3.05	2.47	3.6	1319	3.05	2.47	3.6	1319
8		HA503-50	5.35	3.99	11.2	711	6.22	4.95	5.3	1299	6.36	5.10	4.6	1460	5.00	4.01	4.6	1103	5.00	4.01	4.6	1103
9		HA501-49	5.57	4.23	9.5	673	6.31	5.07	4.3	1412	5.63	4.51	4.6	1593	5.08	4.05	5.0	1620	5.08	4.05	5.0	1620
10		HA501-48	4.49	3.49	7.6	541	6.27	4.93	6.4	1326	5.79	3.77	22.5	1606	4.20	3.32	6.0	1768	4.20	3.32	6.0	1768
11		HA502-50	6.58	4.83	12.6	707	7.27	5.57	8.8	1321	6.35	4.87	8.7	1467	4.08	3.21	6.2	1538	4.08	3.21	6.2	1538
12		HA499-48	5.28	3.81	14.0	772	5.21	3.96	9.6	1459	4.52	3.47	8.6	1623	4.15	3.24	7.2	1340	4.15	3.24	7.2	1340
13		HA500-48	4.64	3.16	19.0	677	5.07	3.89	8.7	1252	4.40	3.34	9.5	1474	3.18	2.54	5.0	1304	3.18	2.54	5.0	1304
14		HA496-48	3.78	2.90	8.7	1553	1.96	1.54	6.6	1558	1.91	1.36	15.2	1543	2.10	1.49	15.5	1356	2.10	1.49	15.5	1356
15	HA56	HA504-50	4.56	3.46	9.6	1138	3.80	3.07	5.0	1629	3.37	2.71	4.3	1746					3.49	2.81	4.2	1746
16		HA505-50	5.36	3.56	20.9	494	4.70	3.42	14.4	1148	4.01	2.86	15.1	1559					4.00	2.82	16.0	1559
17		HA503-49	3.46	2.21	24.0	753	2.85	1.88	22.4	1285	2.17	1.46	19.9	1532					1.75	1.21	18.0	1648
18		HA506-54	2.54	2.00	6.3	1535	1.76	1.39	7.1	1475	1.73	1.40	3.7	1682					1.75	1.40	5.0	1682
19		HA505-53	2.92	1.70	30.8	1508	2.15	1.72	5.9	1618	1.82	1.45	5.2	1630					1.79	1.44	4.2	1663
20		HA495-46	2.42	1.64	19.4	709	1.86	1.48	6.4	1393	1.73	1.38	5.0	1253					1.80	1.45	4.2	1104
21		HA504-52	1.69	1.25	11.8	636	1.20	0.97	4.9	973	1.75	1.41	4.1	1227					1.72	1.38	4.8	1359
22		HA497-47	2.70	2.09	7.8	1253	2.86	2.29	5.8	1378	2.76	2.23	3.8	1558					2.70	2.20	3.2	1579
23		HA507-52	3.22	2.46	9.0	901	3.46	2.80	4.8	1093	3.44	2.76	4.5	1094					3.30	2.64	4.8	1122
24		HA496-46	1.94	1.30	20.1	1687	1.55	1.12	15.0	1673	1.62	1.15	15.5	1690					1.75	1.25	15.2	1649
25		HA505-51	3.22	2.33	14.0	1185	2.33	1.86	6.1	1665	2.77	2.24	3.7	1715					2.68	2.13	5.2	1730
26		HA500-46	7.40	5.28	15.0	1020	8.24	5.81	17.0	997	5.60	4.00	15.0	1391					5.02	3.58	15.0	1330

续表

序号	区块	井号	第一月产量 日产液/m³	第一月产量 日产油/t	第一月产量 含水率/%	第一月产量 液面高/m	第二月产量 日产液/m³	第二月产量 日产油/t	第二月产量 含水率/%	第二月产量 液面高/m	第三月产量 日产液/m³	第三月产量 日产油/t	第三月产量 含水率/%	第三月产量 液面高/m	半年产量 日产液/m³	半年产量 日产油/t	半年产量 含水率/%	半年产量 液面高/m	目前产量 日产液/m³	目前产量 日产油/t	目前产量 含水率/%	目前产量 液面高/m
27		HA501-46	6.00	4.58	9.2	1 359	6.86	5.24	10.1	1 272	5.05	3.95	6.9	1 670					4.36	3.42	6.6	1 505
28		HA501-47	6.20	4.73	9.2	886	6.95	5.31	10.1	898	5.21	4.09	6.5	1 422					4.65	3.70	5.4	1 417
29		HA499-47																	3.92	3.07	6.8	1 065
30		HA497-46																	4.00	2.18	35.1	1 536
31		HA498-46																	4.26	2.44	31.8	1 646
32	HA56	HA507-54	3.36	2.68	5.1	1 305	4.21	3.34	5.5	1 462	4.18	3.35	4.5	1 519					3.48	2.76	5.6	1 622
HA56区 小计及平均值		32	4.1	3.03	12.6	1 126	4.1	3.14	8.3	1 381	3.6	2.74	8.4	1 506	3.6	2.84	7.1	1 435	3.4	2.55	9.5	1 471
1		HA511-66	5.88	3.02	38.8	1 061	5.03	4.01	5.2	1 465	5.97	4.77	4.9	1609					4.72	3.80	4.2	1 585
2		HA517-68	3.50	2.68	8.8	783	3.88	2.95	9.5	669	5.25	4.03	8.6	884					4.59	3.62	6.0	884
3		HA517-70	10.15	7.55	11.4	662	6.24	4.89	6.7	917	3.75	3.00	4.8	1 153					4.39	3.52	4.8	1 153
4		HA518-70	8.40	5.29	25.0	443	10.20	6.68	22.0	532	8.10	5.58	18.0	658					8.50	5.93	17.0	658
5		HA518-71	12.37	8.87	14.6	402	8.50	3.80	46.8	828	5.08	2.36	44.7	1053					5.43	2.53	44.7	1 053
6	HA305	HA518-72	10.63	7.65	14.3	494	10.60	8.60	3.4	750	8.01	6.39	5.0	1 059					8.87	7.11	4.6	1 059
7		HA519-72																				
8		HA520-72	11.00	9.03	37.5	808	11.00	7.81	15.5	1 163	8.05	5.71	15.6	1 543					7.50	5.39	14.5	1 543
9		HA521-72																				
10		HA510-66	5.43	4.18	8.3	1 475	5.55	4.47	4.1	1 539	6.82	5.45	4.8	1 517					6.75	5.35	5.6	1 586
HA305 区 小计及平均值		10	8.4	6.03	14.7	665	7.6	5.40	15.7	983	6.4	4.66	13.0	1 185					6.34	4.65	12.7	1 190

续表

序号	区块	井号	第一月产量				第二月产量				第三月产量				半年产量				目前产量			
			日产液/m³	日产油/t	含水率/%	液面高/m	日产液/m³	日产油/t	含水率/%	液面高/m	日产液/m³	日产油/t	含水率/%	液面高/m	日产液/m³	日产油/t	含水率/%	液面高/m	日产液/m³	日产油/t	含水率/%	液面高/m
1	HA82	HA200-54	15.1	3.67	71.5	433	8.4	6.34	11.6	1 057	6.9	5.42	7.5	1 313	6.9	5.4	7.5	1 313				
2		HA202-58	1.3	1.02	9.1	1 201	1.6	1.24	5.8	1 201	0.6	0.48	5.1	1 203	0.3	0.3	8.8	1 245	0.60	0.43	15.5	1 020
3		HA194-51	5.7	4.58	5.1	1 078	4.4	3.52	5.3	1 303									3.12	2.46	6.0	1 417
4		HA207-60	4.0	2.66	21.2	713													3.24	2.58	5.2	1 123
	HA82区	小计及平均值 4	6.5	3.0	45.6	817	4.8	3.7	8.0	1 187	3.7	3.0	6.2	1 258	3.6	2.8	6.6	1 279	2.3	1.8	6.4	1 187
1		AL169-03A	3.1	1.19	4.0	1 222	0.6	0.23	53.0	1 569	0.8	0.31	54.0	1 604					0.82	0.32	53.7	1 516
2		AL275-21	8.1	5.92	13.4	946	8.1	6.50	4.6	1 272									8.40	6.72	4.8	1 310
	AL167区	小计及平均值 2	5.6	3.6	24.6	1 084	4.3	3.4	7.8	1 421	0.8	0.3	53.9	1 604					4.6	3.5	9.1	1 413
1	AL91	AL174-48	1.1	0.72	19.0	1 794	0.9	0.66	8.2	1 790	0.9	0.74	7.4	1 778	0.9	0.7	7.9	1 755	1.05	0.81	8.5	1 755
2		AL177-49	2.4	0.31	84.7	778	1.5	1.17	6.8	1 618				1 618					1.24	0.97	6.5	1 650
3		AL182-50	1.9	1.38	16.5	1 500	1.6	1.29	3.8	1 524	1.1	0.91	6.1	1 568	0.8	0.7	3.7	1 580	1.89	1.44	10.2	1 560
4		AL184-54	9.6	0.00	100	388	9.8	0.00	100.0	313	9.6	0.00	100	677			100	388	9.38	0.00	100.0	388
5		AL185-53	5.1	3.13	27.7	1 088	6.1	4.79	7.1	1 128	6.3	5.02	6.2	1 050	5.4	4.3	6.9	1 109	5.24	4.07	7.5	1 082
6		AL189-55	5.1	0.95	77.9	1 158	8.1	1.64	76.2	1 171	8.2	1.83	73.8	1 145	6.5	1.5	73.7	1 160	6.68	1.53	72.8	1 078
	AL91区	小计及平均值 6	4.2	1.08	69.3	1 118	4.7	1.59	59.3	1 257	5.2	1.70	61.3	1 244				1 198	4.2	1.47	58.8	1 252

为了便于分析，做各区块平均生产动态曲线如图 2-33～图 2-37 所示。

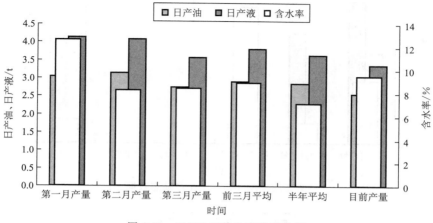

图 2-33 HA56 区块生产动态数据

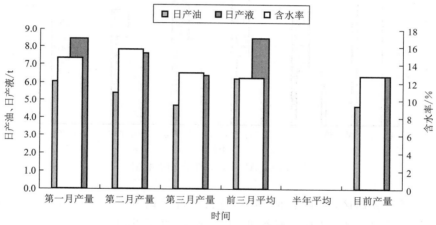

图 2-34 HA305 区块生产动态数据

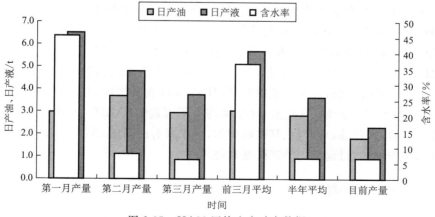

图 2-35 HA82 区块生产动态数据

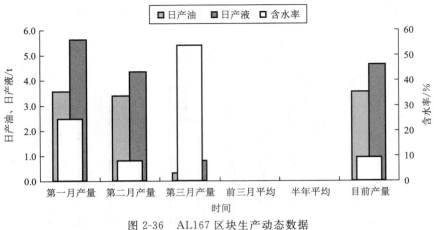

图 2-36　AL167 区块生产动态数据

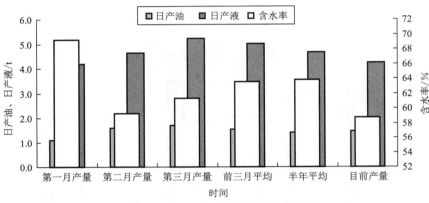

图 2-37　AL91 区块生产动态数据

HA 长 8 为产建新区,从上述生产数据统计情况可以看出,HA 长 8 主力区块 HA56,HA305,HA82,AL91 和 AL167 等都处于低含水、低采出程度开发阶段,目前 HA56,HA305,HA82,AL167 和 AL91 区块综合含水率分别为 9.5%,12.7%,6.4%,9.1%,58.8%,各区块平均综合含水率为 16.1%;HA 长 8 各区块平均单井日产油 2.8 t,日产液 4 t,其中 HA56,HA305,AL157 区块开发效果较好,单井日产油分别达到 2.6 t,4.7 t,3.5 t,HA82 和 L91 区块开发效果相比稍差,单井日产油 1.8 t 和 1.5 t。

从各区块第一月、第二月、第三月、前三月平均、半年平均及目前产量情况看,HA56 区块日产油、日产液稍有降低,含水率稳中有降;HA305 区块日产油、日产液稍有降低,含水率稳中有降;HA82 区块日产油、日产液、含水率均有下降趋势;AL167 区块前三月日产油、日产液、含水率均增加,目前,日产液、日产油增加,含水率有所降低;AL91 区块前三月日产油、日产液、含水率均增加,目前又均呈现降低趋势。

2.3.4　存在问题

对 HA 长 8 特低渗油田来说,地质条件是油田开发的物质基础,但投产工艺(储层改造工艺)是油田高效开发的手段和保障,从区块试油情况看,部分井日产油高达 30 m³,甚至 50 m³,HA56 区块平均单井日产油 12.6 m³,HA305 区块平均单井日产油 17.3 m³,HA82 区块平均单井日产油 20.3 m³,AL167 区块平均单井日产油 14.1 m³,表明储层具有较好的物质基础,而在开发过程中平均单井日产液约为 2.5 t,因此,对现有储层改造工艺进行优化和改进是提高开发的一条可行途径。

储层改造工艺优化与改进,除了对工艺本身适应性、措施效果进行研究外,对入井工作液的研究是其中不可忽视的一环,在某些情况下工作液的性质甚至决定了措施的成败。因此,有必要在储层渗流特征及储层敏感性研究的基础上,深入评价现有工作液性能,分析问题所在,从而提出工作液改进方法或增效手段。

HA56,HA305,HA82 等区块主要采油层为长 8,长 8 又可分为长 8^1 和长 8^2 两层,据分析长 8^2 层不具备单独建产的物质条件,因此,目前主要采取长 8 层合采;而对 L91 和 L167 区块来说,从压裂试油情况看,这两个区块兼有侏罗系延 9 或延 10 层和三叠系长 8 层,而目前每口井只开采一个层,从而限制了区块的整体开发效果。因此有必要探索各层合采工艺,提高开发效果。油井分抽合采工艺是解决这一问题的有效手段。

储层改造投产后油藏地质状况发生了变化,有可能造成现行注采工艺与储层地质的不适应。因此,结合储层改造及注采工艺的实际情况,有必要对注采参数进行优化设计,为发挥储层改造及注采工艺效果提供保障。

第 3 章　复杂块状特低渗油藏
储层敏感性与渗流特征

　　储层敏感性与渗流特征研究是 HA 长 8 复杂块状特低渗油藏储层改造与注采工程关键技术研究的基础。本章重点介绍油水两相在油藏中的渗流规律、储层岩石的敏感性评价方法和前置酸体系-压裂液伤害评价方法,对提高油层采收率研究具有重要意义。

3.1　复杂块状特低渗油藏储层敏感性

　　油(气)层敏感性伤害是指油层从钻开、固井、射孔、试油、修井以及生产、酸化压裂、注水等作业的过程中引起油层渗透率下降,增加原油入井或注入水流动阻力,降低油井产能或注水井吸水指数,减少油井产量和注水井注水量的现象。油层伤害对低渗油层的危害十分大,而对中、高渗油层的影响也不可忽略。因此,保护油层是油田勘探开发中一个具有重要意义的课题,储层敏感性评价是目前备受关注的一项重要研究内容。

　　研究储层岩石敏感性的目的在于了解储层在注水开发中可能发生伤害的类型及程度,以防止和减小储层岩石的敏感性特征对储层渗流能力的影响。

　　油气层敏感性评价主要是通过岩心流动实验,考察油气层岩心与各种外来流体接触后所发生的各种物理化学作用对岩石性质,主要是对渗透率的影响程度。通过油气层敏感性评价,找出油气层发生敏感的条件以及由于敏感造成的伤害程度,为以保护油气层为目的的钻井、完井液等设计及其他参数优化提供依据。根据中国石油天然气总公司行业标准《储层敏感性流动实验评价方法》(SY/T 5358—2002)规定,进行实验。

　　储层敏感性评价实验中分别用速敏、水敏、碱敏、酸敏的伤害指数来评价储层的伤害程度。

3.1.1　储层敏感性实验前准备

(1) 岩样的钻取。

　　现场取回的岩心以水平方向钻取岩心柱,岩心柱尺寸为:直径×长度＝2.5 cm×(3～7) cm,端面不平行度小于 0.5 mm。

（2）岩样的预处理。

将含油样品进行洗油处理。

（3）岩样的烘干称重。

60～65 ℃下烘干 24 h，称重。岩样烘干的温度应不高于 80 ℃，温度波动小于 5 ℃。对于含生石膏的岩样，温度控制在 60～65 ℃，相对湿度控制在 40%～45%。

（4）测定岩样的气体渗透率。

（5）测定孔隙度。

岩样置于烧杯并放置于密闭饱和容器中，在 −0.1 MPa 下抽真空 5 h 以上，将饱和液体放入容器中的岩样杯里，继续抽真空至无气泡放出为止，放置 24 h 以上，分别测定饱和了液体后样品的质量和样品在液体中的质量。样品的孔隙度和孔隙体积按下式计算：

$$\phi = \frac{M_1 - M_0}{M_1 - M_2} \times 100\%$$

$$V_\phi = \frac{M_1 - M_0}{D}$$

式中　ϕ——孔隙度，%；

　　　V_ϕ——孔隙体积，m^3；

　　　M_0——烘干后岩样的质量，g；

　　　M_1——饱和了液体后岩样的质量，g；

　　　M_2——岩样在饱和液体中的质量，g；

　　　D——饱和液体的密度，g/cm^3。

敏感性实验流程如图 3-1 所示。敏感性实验装置主要由三部分组成：动力部分、夹持器部分和计量部分。动力部分由计量泵（排量为 0～5 mL/min）和环压泵组成；夹持器部分包括中间容器（600 mL）、岩心夹持器（耐酸、耐碱、可控温）和阀门管汇；计量部分包括压力表和计量管。

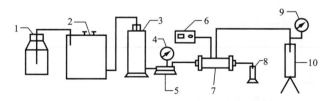

图 3-1　敏感性实验流程图

1—盛液瓶；2—计量泵；3—中间容器；4—精密压力表；5—六通阀；6—控温仪；
7—岩心夹持器；8—计量管；9—环压表；10—环压泵

3.1.2　储层敏感性实验结果与分析

1）速敏性评价实验

速敏性是指因流体速度变化引起储层中的微粒运移，堵塞喉道，造成渗透率下降的现象。

速敏实验的目的是：找出由于流速作用导致微粒运移从而发生伤害的临界流速，评价速度敏感引起的储层伤害程度；为后续的水敏、碱敏、酸敏及其他各种伤害评价实验确定合理的实验流速提供依据。一般来说，由速敏实验求出临界流速后，可将其他各类评价实验的流速定为 0.8 倍临界流速，为确定合理的注采速度提供科学依据。

（1）速敏实验流程。

根据不同岩样的渗透率，采取不同的工作液驱替排量。根据本次研究的岩样的渗透率，驱替排量的范围确定为 0.02～2.0 mL/min。用地层水作为流动介质，从最低排量开始，直到每个排量对应的流动状态稳定后，依次提高排量进行测量。

通过速敏性评价实验，可以为油藏的注水开发提供合理的注入流量，也可以为室内其他流动实验限定合理的流动速度。因此，速敏实验应在其他敏感性实验之前进行。

（2）速敏性评价指标。

速敏性强弱由速敏性产生的渗透率的伤害率 D_K 来度量。

$$D_K = \frac{K_i - K_{min}}{K_i} \times 100\%$$

式中　D_K——速敏性引起的渗透率伤害率，%；

　　　K_i——临界流速之前岩样渗透率的平均值，$10^{-3}\ \mu m^2$；

　　　K_{min}——临界流速之后岩样渗透率的最小值，$10^{-3}\ \mu m^2$。

因速敏性引起的渗透率伤害程度评价指标见表 3-1。

表 3-1　速敏伤害程度评价指标

速敏伤害程度	伤害率 D_K/%
无速敏	$D_K \leqslant 5$
弱速敏	$5 < D_K \leqslant 30$
中等偏弱速敏	$30 < D_K \leqslant 50$
中等偏强速敏	$50 < D_K \leqslant 70$
强速敏	$D_K > 70$

（3）速敏实验结果。

速敏实验结果见表 3-2 与图 3-2～图 3-4。

表 3-2　速敏实验结果

岩心号	长度/cm	直径/cm	气测渗透率/($10^{-3}\ \mu m^2$)	孔隙度/%	临界流量/(mL·min^{-1})	渗透率伤害率/%	速敏伤害程度判断
HA214-63-1	4.146	2.52	0.171	6.98	0.24	0.004 8	无
HA491-49A-1	2.868	2.53	0.193	6.38	0.4	19.83	弱
HA499-47-2	3.364	2.53	0.324	8.40	0.34	11.00	弱

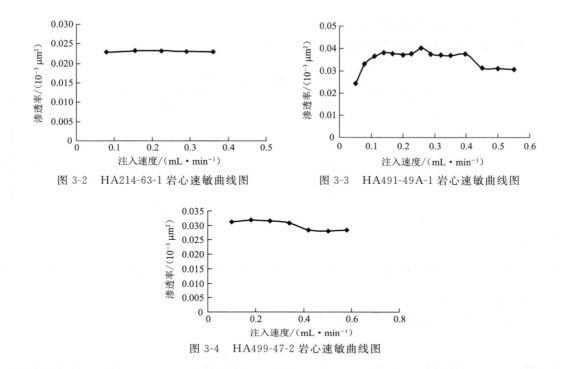

图 3-2　HA214-63-1 岩心速敏曲线图　　　　图 3-3　HA491-49A-1 岩心速敏曲线图

图 3-4　HA499-47-2 岩心速敏曲线图

实验表明长 8 储层速敏指数较小,属弱速敏。

2）水敏性评价实验

水敏性是指与储层不配伍的外来流体进入油层后,引起黏土膨胀、分散、运移,从而导致渗透率下降的现象。这是近年来研究较多的一类油层伤害,也是碎屑岩油层最常见的一类油层伤害。

水敏性评价实验的目的是测定岩样接触淡水后的伤害程度,它可以直接测得岩样渗流能力的变化。实验一般采用经典驱替法,依次测定不同盐度(依次降低地层水的矿化度,最后用蒸馏水)的液体通过岩样时的渗透率。初始盐度的盐水通常为地层水或模拟地层水,也可用标准盐水代替,驱替速度必须低于临界速度,此时产生的渗透率变化才可以认为是仅由黏土矿物水化膨胀引起的。

（1）水敏实验流程。

让地层水(或模拟地层水)、次地层水(1/2 地层水矿化度)、1/4 地层水(1/4 地层水矿化度)、1/8 地层水(1/8 地层水矿化度)和去离子水(蒸馏水)依次流过岩心,并测定这 5 种不同矿化度流体对岩心渗透率的定量影响,并由此分析岩心的水敏程度。

（2）水敏性评价指标。

驱替法评价水敏性采用水敏指数 I_w 来判定,定义如下:

$$I_w = \frac{K_f - K_w}{K_f} \times 100\%$$

式中　I_w——水敏指数,%;

K_f——模拟地层水测定的岩样渗透率,$10^{-3}\ \mu m^2$;

K_w——用蒸馏水测定的岩样渗透率，$10^{-3}\ \mu m^2$。

因水敏性引起的渗透率伤害程度评价指标见表 3-3。

表 3-3　水敏伤害程度评价指标

水敏指数/%	水敏伤害程度
$I_w \leqslant 5$	无水敏
$5 < I_w \leqslant 30$	弱水敏
$30 < I_w \leqslant 50$	中等偏弱水敏
$50 < I_w \leqslant 70$	中等偏强水敏
$70 < I_w \leqslant 90$	强水敏
$I_w > 90$	极强水敏

（3）水敏性实验结果。

水敏性实验结果见表 3-4～表 3-6 及图 3-5～图 3-7。

表 3-4　HA214-63-2 水敏实验结果

岩心号	长度/cm	直径/cm	气测渗透率/($10^{-3}\mu m^2$)	孔隙度/%	水相渗透率/($10^{-3}\ \mu m^2$)	水样矿化度/($mg \cdot L^{-1}$)	渗透率伤害率/%	水敏伤害程度判断
HA214-63-2	3.848	2.522	0.322	6.08	0.026	80 000	0.00	无
					0.027	40 000	−2.96	无
					0.025	20 000	1.30	无
					0.024	10 000	6.43	弱
					0.024	5 000	8.05	弱
					0.013	0	50.51	中等偏强

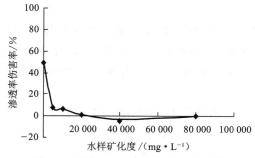

图 3-5　HA214-63-2 水敏实验结果图

表 3-5　HA491-49A-2 水敏实验结果表

岩心号	长度/cm	直径/cm	气测渗透率/$(10^{-3}\mu m^2)$	孔隙度/%	水相渗透率/$(10^{-3}\ \mu m^2)$	水样矿化度/$(mg \cdot L^{-1})$	渗透率伤害率/%	水敏伤害程度判断
HA491-49A-2	3.402	2.514	0.159	7.70	0.032	80 000	0.00	无水敏
					0.034	40 000	−7.99	弱水敏
					0.034	20 000	−7.96	
					0.035	10 000	−9.65	
					0.034	5 000	−6.61	
					0.025	0	21.88	

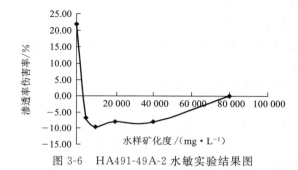

图 3-6　HA491-49A-2 水敏实验结果图

表 3-6　HA499-47-2 水敏实验结果表

岩心号	长度/cm	直径/cm	气测渗透率/$(10^{-3}\mu m^2)$	孔隙度/%	水相渗透率/$(10^{-3}\ \mu m^2)$	水样矿化度/$(mg \cdot L^{-1})$	渗透率伤害率/%	水敏伤害程度判断
HA499-47-2	3.624	2.518	0.577	15.28	0.211	80 000	0.00	无水敏
					0.232	40 000	−9.84	中等偏弱
					0.232	2 0000	−9.90	
					0.222	10 000	−5.13	
					0.227	5 000	−7.49	
					0.107	0	49.07	

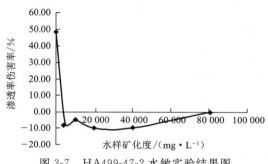

图 3-7　HA499-47-2 水敏实验结果图

水敏实验结果显示 HA 长 8 层属于中等偏弱水敏。

3）酸敏性评价实验

酸敏性是指酸液与储层岩石或流体接触产生化学反应，产生沉淀或释放颗粒而堵塞孔隙喉道，从而导致岩石中的油气渗透率降低的现象。通常采用酸敏指数（指岩石酸化前后的渗透率之差与酸化前的渗透率之比）来判断岩石的酸敏程度。

酸化是油田广泛采用的解堵和增产措施，酸液进入油气层后，一方面改善油气层的渗透率，另一方面又与油气层中的矿物及地层流体反应产生沉淀并堵塞孔喉。储层的酸敏性是指酸液进入储层后与储层中的酸敏性矿物或原油作用，或产生凝胶、沉淀，或释放微粒，导致储层渗透率下降的现象。酸敏性是酸-岩、酸-原油、酸-反应产物、反应产物-反应产物及酸液中的有机物等与岩石及原油相互作用的结果。

酸敏实验的目的是研究注入酸液的酸敏程度，其本质是研究酸液与油层的配伍性，以便优选酸液配方，寻求更为有效的酸化处理方法并为现场施工工艺提供科学依据。

（1）酸敏实验流程。

① 用配制的注入水测定酸处理前的液体的有效渗透率。

② 向样品反向注入 0.5～1 倍孔隙体积质量分数为 15％的 HCl。

③ 停驱替泵模拟关井，砂岩样品包括注酸在内的酸反应时间为 1 h。

④ 开驱替泵正向驱替，注入适量水，测定酸处理后的液体的有效渗透率。

（2）酸敏性评价指标。

驱替法评价酸敏性采用酸敏指数 I_a，即

$$I_a = \frac{K_f' - K_{ad}}{K_f'} \times 100\%$$

式中　I_a——酸敏指数，％；

K_f'——酸敏处理前测定的岩样渗透率，$10^{-3}\ \mu m^2$；

K_{ad}——酸敏处理后测定的岩样渗透率，$10^{-3}\ \mu m^2$。

因酸敏性引起的渗透率伤害程度评价指标见表 3-7。

表 3-7　酸敏伤害评价指标

酸敏指数 $I_a/\%$	酸敏伤害程度
$I_a \approx 0$	弱酸敏
$0 < I_a \leqslant 15$	中等偏弱酸敏
$15 < I_a \leqslant 30$	中等偏强酸敏
$30 < I_a \leqslant 50$	强酸敏
$I_a > 50$	极强酸敏

（3）酸敏性实验结果（表 3-8）。

表 3-8　酸敏实验结果表

岩心号	长度 /cm	直径 /cm	气测渗透率 /($10^{-3}\mu m^2$)	孔隙度 /%	渗透率/($10^{-3}\mu m^2$)		伤害率 /%	酸敏伤害 程度判断
					注酸前	注酸后		
HA214-63-3	3.790	2.550	0.180	13.12	0.016 0	0.034 0	−112.65	改善
HA491-49A-3	3.726	2.472	0.169	11.58	0.059 8	0.057 6	3.82	弱
HA499-47-4	4.174	2.526	0.292	11.71	0.004 5	0.009 4	−109.49	改善

实验表明,HA 长 8 特低渗储层,不存在酸敏,说明酸对地层渗透率有一定的改善效果,可以采取酸化措施来提高单井产量。

4）碱敏性评价实验

碱敏性是指碱性液体与储层矿物或流体接触发生反应,产生沉淀或释放出颗粒,导致岩石渗透率或有效渗透率下降的现象。地层水一般呈中性和弱碱性,而大多数钻井液的 pH 值在 8～13.5 之间,采油中的碱水驱也有较高的 pH 值,当高 pH 值流体进入油气层后,将造成油气层中黏土矿物和硅质胶结的结构破坏,从而造成油气层的堵塞伤害;此外,大量的氢氧根与某些二价阳离子结合会生成不溶物,造成油气层的堵塞伤害。

碱敏实验的目的是找出碱敏发生的条件,主要是临界 pH 值,以及由碱敏引起的储层伤害程度,为各类工作液的设计提供依据。

（1）碱敏实验流程。

① 用所配制的注入水按规定测定酸处理前的液体渗透率。

② 依次配制 pH 值为 8,10,12,14 的 NaOH 碱性溶液,将其向岩样中反向注入 10～15 倍的孔隙体积,停驱替泵模拟关井,静止浸泡 12 h。

③ 开驱替泵,正向用注入水在低于临界流速进行驱替,测出每次注碱后的液相渗透率。

（2）碱敏性评价指标。

驱替法评价碱敏性采用碱敏指数 I_b,即

$$I_b = \frac{K_{wo} - K_{min}}{K_{wo}} \times 100\%$$

式中　I_b——碱敏指数,%;

　　　K_{wo}——注碱前测定的岩样渗透率,$10^{-3}\mu m^2$;

　　　K_{min}——系列碱液测定的岩样渗透率的最小值,$10^{-3}\mu m^2$。

碱敏伤害评价指标见表 3-9。

表 3-9　碱敏伤害评价指标

碱敏指数 I_b/%	碱敏伤害程度
$I_b \leqslant 5$	无碱敏
$5 < I_b \leqslant 30$	弱碱敏
$30 < I_b \leqslant 50$	中等偏弱碱敏

碱敏指数 I_b/%	碱敏伤害程度
$50 < I_b \leqslant 70$	中等偏强碱敏
$I_b > 70$	强碱敏

（3）碱敏实验结果（表 3-10）。

表 3-10　碱敏实验结果

岩心号	长度/cm	直径/cm	气测渗透率 /(10^{-3} μm^2)	孔隙度/%	临界 pH 值	碱敏指数 /%	碱敏伤害 程度判断
HA214-63-4	3.796	2.520	0.482	6.29	10	12.64	弱
HA491-49A-4	3.628	2.520	0.124	7.23	10	43.43	中偏弱
HA499-47-5	3.474	2.520	0.356	10.46	10	10.46	弱

实验结果表明，HA 长 8 储层碱敏性较弱，有利于储层改造的进行。

通过储层敏感性研究可知，长 8 储层具有弱速敏、中等偏弱水敏、不存在酸敏、碱敏性较弱的特点。由于存在水敏伤害可能，故在后续入井流体中应适当增加防膨剂。通过分析，前期效果欠佳的井有可能是由储层潜在敏感性伤害造成的。

3.2　复杂块状特低渗油藏油水两相渗流特征

在油田开发中，所进行的各项特定分析都是为了更好地注水开采，最大限度地提高采油量。最能直观反映注水开发过程的就是油水相对渗透率实验（简称相渗曲线）。

油水相对渗透率实验过程以模拟实验为主，将岩心在保持原始润湿性的条件下充分洗干净，抽空饱和地层水，模拟地层的初始状态，然后利用饱和油来模拟原油运移聚集的过程。在达到束缚水状态后，进行水驱油实验。水驱油实验模拟注水开发过程，恒压法是指保持注入压力恒定的开采方式，恒速法表示保持注入速度恒定的开采方式。

油水相对渗透率曲线反映了注水或天然水驱采油过程中，油层内渗流阻力的变化规律。油水相对渗透率曲线是油水在油层岩石孔隙中相对流动的综合体现，而岩石的孔隙结构、润湿性、敏感性及油水的物理化学性质则决定了岩石孔隙中的毛管压力特性，它对岩石的微观孔隙中的流体分布及滞留状态，以及油层的采油机理及油层采收率具有十分重要的影响。

相渗曲线表示在驱替过程中，由于存在临界的含水饱和度，当含水饱和度不低于此值时，水连续分布，但水的流动能力极低，因而对油相渗透率的影响较小，反映在曲线上表现为油相相对渗透率急剧下降，此即油水两相共流阶段。随着含水饱和度的增加，原油的流动能力越来越低，水的流动能力越来越强，到一定的含水饱和度时，油相完全失去流动能力。

HA 长 8 储层油水相对渗透率曲线亦显示中—弱亲油特征，如表 3-11～表 3-15、图3-8～图 3-13 所示。随着含水饱和度的增加，油相渗透率的下降速度远远大于水相渗透率的上升速度，使油水两相总速度下降，指数下降，直到高含水后，采液才开始回升，这增加了稳产的难度，因此控水稳油至关重要。

表 3-11　水驱油综合数据

岩心号	长度/cm	直径/cm	气测渗透率/(10⁻³ μm²)	孔隙度/%	束缚水饱和度/%	残余油饱和度/%	实验压差/MPa	见水前平均采油速度/(mL·min⁻¹)	无水期驱油效率/%	相似准数	孔隙利用系数	含水95%时		含水98%时		最终期	
												驱油效率/%	注入倍数	驱油效率/%	注入倍数	驱油效率/%	注入倍数
HA214-63-5	3.488	2.524	0.565 5	10.45	37.28	33.76	0.3	0.037	28.93	0.28	0.29	49.25	4.65	49.25	11.2	49.25	11.2
HA491-49A-5	3.390	2.540	0.571 7	11.82	35.62	19.61	0.3	0.013	12.69	0.24	0.45	54.31	4.14	54.31	7.41	54.31	10.53
HA499-47-6	3.236	2.530	0.543 5	10.81	38.55	23.04	0.3	0.277	20.83	0.53	0.38	62.5	11.38	62.5	13.94	62.5	13.94

表 3-12　相对渗透率综合数据

岩心号	长度/cm	直径/cm	气测渗透率/(10⁻³μm²)	孔隙度/%	地层水测渗透率/(10⁻³μm²)	实验压差/MPa	束缚水时		交点处		残余油时	
							含水饱和度/%	油有效渗透率/(10⁻³μm²)	含水饱和度/%	油水相对渗透率	含水饱和度/%	油水相对渗透率
HA214-63-5	3.488	2.524	0.565 5	10.45	0.048 2	0.3	37.28	0.005 6	0.57	0.031	66.00	0.098
HA491-49A-5	3.390	2.540	0.571 7	11.82	0.082 2	0.3	35.62	0.027 0	0.62	0.065	80.00	0.336
HA499-47-6	3.236	2.530	0.543 5	10.81	0.094 3	0.3	38.55	0.0125	0.62	0.053	76.96	0.244

表 3-13　HA214-63-5 含水率及相渗曲线综合表

序　号	注入倍数	驱油效率/%	含水率/%	S_w/%	K_{ro}	K_{rw}
1	0.00	0.00	0.00	0.37	1.000 0	0.000 0
2	0.02	3.08	0.00	0.39	0.813 0	0.000 0
3	0.07	12.31	0.00	0.45	0.394 4	0.001 9
4	0.10	18.47	0.00	0.49	0.216 0	0.006 3
5	0.16	28.93	0.00	0.55	0.052 0	0.024 2
6	0.23	36.94	7.79	0.60	0.008 0	0.050 4
7	0.54	49.25	52.28	0.66	0.000 0	0.098 4
8	1.90	49.25	87.36	0.66	0.000 0	0.098 4
9	4.65	49.25	95.61	0.66	0.000 0	0.098 4
10	11.20	49.25	98.94	0.66	0.000 0	0.098 4

注：S_w—含水饱和度；K_{ro}—油相相对渗透率；K_{rw}—水相相对渗透率。

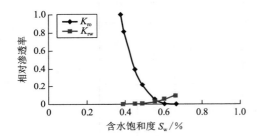

图 3-8　HA214-63-5 油水相渗曲线

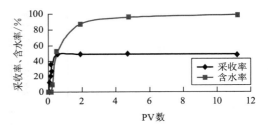

图 3-9　HA214-63-5 注入倍数与含水率及采收率曲线

表 3-14　HA491-49A-5 含水率及相渗曲线综合表

序　号	注入倍数	驱油效率/%	含水率/%	S_w/%	K_{ro}	K_{rw}
1	0.00	0.00	0.00	0.36	1.000 0	0.000 0
2	0.05	7.61	0.00	0.41	0.7062	0.000 4
3	0.08	12.69	0.00	0.44	0.546 4	0.002 0
4	0.15	17.77	22.89	0.47	0.412 7	0.005 6
5	0.23	22.84	36.79	0.50	0.302 8	0.011 9
6	0.36	27.92	51.50	0.54	0.214 4	0.021 8
7	1.04	39.09	77.98	0.61	0.084 0	0.059 7
8	1.95	46.70	87.13	0.66	0.035 4	0.101 9
9	4.14	54.31	94.30	0.71	0.0105	0.160 2
10	7.41	54.31	97.46	0.75	0.001 3	0.237 5
11	10.53	54.31	98.62	0.80	0.000 0	0.336 3

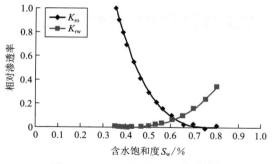

图 3-10 HA491-49A-5 相渗曲线

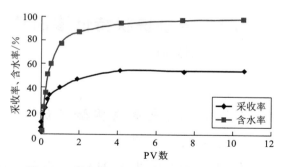

图 3-11 HA491-49A-5 注入倍数与含水率及
采收率曲线

表 3-15 HA499-47-6 含水率及相渗曲线综合表

序　号	注入倍数	驱油效率/%	含水率/%	S_w/%	K_{ro}	K_{rw}
1	0.00	0.00	0.00	0.39	1.000 0	0.000 0
2	0.18	20.83	0.00	0.51	0.296 3	0.009 0
3	0.40	33.33	27.27	0.59	0.101 6	0.037 0
4	0.59	37.50	43.75	0.62	0.064 0	0.052 7
5	1.46	41.67	75.00	0.64	0.037 0	0.072 3
7	5.08	50.00	91.37	0.69	0.008 0	0.125 0
8	6.73	54.17	92.93	0.72	0.002 4	0.158 9
9	9.29	58.33	94.49	0.74	0.000 3	0.198 5
10	11.38	62.50	95.18	0.77	0.000 0	0.244 1
11	13.94	62.50	98.06	0.77	0.000 0	0.244 1

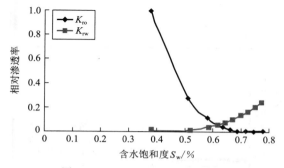

图 3-12 HA499-47-6 相渗曲线

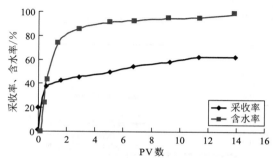

图 3-13 HA499-47-6 注入倍数与含水率及
采收率曲线

3.3 复杂块状特低渗油藏入井工作液对储层渗流特征的影响

3.3.1 酸液室内实验评价

1）实验目的

为了提高措施效果,对 HA 长 8 储层在用的两个酸液样品(酸液一:2％盐酸＋6％乙酸＋2％甲酸＋2％氢氟酸＋添加剂;酸液二:10％盐酸＋6％乙酸＋2％甲酸＋添加剂),在室内参照《储层敏感性流动实验方法》(SY/T 5358—2002),对酸液样品的酸化效果进行评价实验。

2）实验步骤

(1) 岩心洗油后液测渗透率。

(2) 反向注酸 2 PV。

(3) 正向液测渗透率。

实验过程中采用渗透率改善率(R_{KL})来评价酸化实验效果,其计算方法见下式:

$$R_{KL} = \frac{K_{L2} - K_{L1}}{K_{L1}} \times 100\%$$

式中 R_{KL}——渗透率改善率,％;

K_{L1}——酸化前岩心的液相渗透率,10^{-3} μm^2;

K_{L2}——酸化后岩心的液相渗透率,10^{-3} μm^2。

3）实验结果及分析

第一组酸化实验采用酸液一(2％盐酸＋6％乙酸＋2％甲酸＋2％氢氟酸＋添加剂)。岩心的物性参数见表 3-16,实验结果如图 3-14 和图 3-15 所示。

表 3-16 第一组酸化实验岩心物性参数表

岩心号	长度/cm	直径/cm	空气渗透率 /(10^{-3} μm^2)	孔隙度/％	渗透率改善率 /％
HA214-63-6	3.40	2.50	0.32	4.86	812.20
HA491-49A-6	3.59	2.48	0.33	5.01	907.09

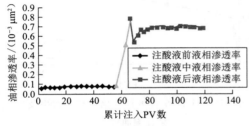

图 3-14 HA214-63-6 酸化前后渗透率与
累计注入 PV 数关系曲线

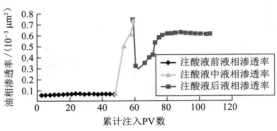

图 3-15 HA491-49A-6 酸化前后渗透率与
累计注入 PV 数关系曲线

　　由实验结果图可以看出两块岩心经过酸化后,油相渗透率明显提高。两块岩心的渗透率改善率分别为 812.20% 和 907.09%,取得了良好的效果。

　　第二组酸化实验采用酸液二(10%盐酸＋6%乙酸＋2%甲酸＋添加剂)。实验所用岩心的物性参数见表 3-17,实验结果如图 3-16 所示。

表 3-17　第二组酸化实验岩心物性参数表

岩心号	长度/cm	直径/cm	空气渗透率 /(10^{-3} μm^2)	孔隙度/%	渗透率改善率 /%
HA499-47-7	4.08	2.50	0.068	3.12	27.77

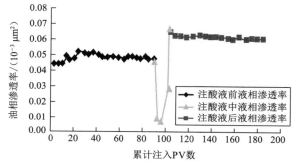

图 3-16　HA499-47-7 酸化前后渗透率与累计注入 PV 数关系曲线

　　由实验结果图可以看出,注酸液后岩心渗透率改善率只有 27.77%,说明 HA 长 8 特低渗储层并不适合应用高浓度盐酸进行酸化作业。

3.3.2　压裂液伤害评价

　　进行岩心驱替实验考察现场用压裂液对岩心的伤害程度,实验结果如图 3-17、图 3-18及表 3-18 所示。

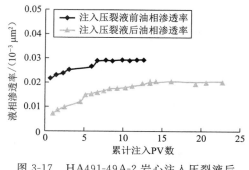

图 3-17　HA491-49A-2 岩心注入压裂液后
渗透率变化

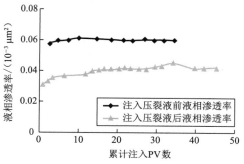

图 3-18　HA499-47-1 岩心注入压裂液后
渗透率变化

表 3-18　压裂液评价实验用岩心数据

岩　心	孔隙度/%	渗透率/(10^{-3} μm^2)	岩心伤害率/%
HA491-49A-2	11.56	0.299	30.52
HA499-47-1	13.09	0.702	29.13

　　由实验结果可知,现场用压裂液会对岩心造成伤害,伤害率达到 30%,压裂液伤害将极大影响水力压裂措施效果,因此有必要开展压裂改进与增效技术研究,减少压裂储层伤害,提高压裂效果。

第4章 复杂块状特低渗油藏燃爆诱导前置酸压裂技术适应性

储层改造后的产能是评价储层改造效果的重要指标。目前,较为有效的储层改造技术主要是酸化、压裂(水力压裂、高能气体压裂)及其复合技术。本章根据研究区储层特征,结合研究区前期增产工艺措施应用效果,分别建立了研究区水力压裂、高能气体压力及燃爆诱导前置酸压裂技术的产能预测模型,预测三种技术在 HA 长 8 储层的应用效果,从而优选适合于 HA 长 8 储层的最佳改造技术[14-34]。

4.1 复杂块状特低渗油藏水力压裂产能预测

4.1.1 渗流方程基本解

对于无限大平面地层流体,其流动控制方程为:

$$\frac{1}{r_D}\frac{\partial}{\partial r_D}\left(r_D\frac{\partial p_D}{\partial r_D}\right)=\frac{\partial p_D}{\partial t_D} \tag{4-1}$$

其中

$$t_D=\frac{\eta t}{r_w^2}$$

$$\eta=\frac{K}{\phi\mu C_t}$$

式中 r_D ——径向距离,m;

K ——渗透率,$10^{-3}\ \mu m^2$;

t ——流体流过的时间,s;

p_D ——油藏压力,MPa;

t_D ——无因次时间;

ϕ ——油藏孔隙度,%;

μ ——油藏原油黏度,mPa·s;

C_t ——岩石压缩系数,无因次;

r_w ——油井井眼半径,m。

将式(4-1)对 t_D 进行 Laplace 变换,可得:

$$\frac{1}{r_D}\frac{d}{dr_D}\left(r_D\frac{\partial \widetilde{p}_D}{\partial r_D}\right) = s \cdot \Delta\widetilde{p} \tag{4-2}$$

且

$$\lim_{\varepsilon > 0+}\frac{4\pi K}{\mu}\left(r_D\frac{d\Delta\widetilde{p}}{dr_D}\right)_{r_D=\varepsilon} = -\widetilde{q}(s) \tag{4-3}$$

利用积分变换及叠加原理,可得到等强度持续点源解为:

$$\Delta\widetilde{p} = \frac{\widetilde{q}\mu}{4\pi KL}\frac{\exp(-\sqrt{s}R_D)}{R_D} \tag{4-4}$$

其中

$$\Delta p = p_i - p$$
$$R_D = \sqrt{(x_D - x_{wD})^2 + (y_D - y_{wD})^2 + (z_D - z_{wD})^2}$$

式中　p_i——原始地层压力,MPa;

　　　　p——油藏压力,MPa;

　　　　q——液体的流量,m³/s;

　　　　L——线源长度,m。

根据压力叠加原则及 Green 函数定义方法,可有:

$$G(x_D - x_{wD}, y_D - y_{wD}, z_D - z_{wD}) = \Delta p / \widetilde{q}$$

通过积分可得到线源、面源及体积源的表达式,即

$$\int_S \widetilde{q}(x_{wD}, y_{wD}, z_{wD}) \cdot G(x_D - x_{wD}, y_D - y_{wD}, z_D - z_{wD}) = \Delta\widetilde{q} \tag{4-5}$$

其中,S 可以是线源长度、面源平面面积或体积源体积大小;$x_D, x_{wD}, y_D, y_{wD}, z_D, z_{wD}$ 为无因次坐标。

式(4-5)即为 Gringarten 与 Ramey 推得的关于源汇函数理论的基础。

4.1.2　三维空间点源解

为简单起见,这里首先研究的是油层上下封闭、水平方向无限大的点源函数表达式;然后根据其构造特征,进一步得到不同边界条件下的点源表达式。

假设油层上下边界均为封闭,根据镜像反映法,可以得到无穷多个虚拟像,则按压降叠加原则可得到点源处压力表达式为:

$$\Delta\widetilde{p} = \frac{\widetilde{q}\mu}{4\pi KL}\sum_{n=-\infty}^{+\infty}\left[\frac{\exp(-\sqrt{s}\sqrt{r_D^2 + z_{D1}^2})}{\sqrt{r_D^2 + z_{D1}^2}} + \frac{\exp(-\sqrt{s}\sqrt{r_D^2 + z_{D2}^2})}{\sqrt{r_D^2 + z_{D2}^2}}\right] \cdot \tag{4-6}$$

其中

$$r_D^2 = (x_D - x_{wD})^2 + (y_D - y_{wD})^2$$
$$z_{D1} = z_D - z_{wD} - 2nh$$
$$z_{D2} = z_D + z_{wD} + 2nh$$

根据泊松积分公式可知:

$$\sum_{n=-\infty}^{+\infty} \exp\left(-\frac{\xi - 2n\xi}{4t}\right) = \frac{\sqrt{\pi t}}{\xi_e}\left[1 + 2\sum_{n=1}^{+\infty}\exp\left(-\frac{n^2\pi^2 t}{\xi_e^2}\right)\cos(n\pi)\frac{\xi}{\xi_e}\right] \tag{4-7}$$

式中 h——两个点源之间的距离，m；

$\quad\quad\ \xi$——椭圆坐标系坐标变量；

$\quad\quad\ \xi_e$——椭圆边界坐标。

将式(4-7)两端同时乘以 $\exp[-a^2/(4t)]/(\pi t)^{1/2}$，对时间取拉氏变换可得：

$$\sum_{n=-\infty}^{+\infty}\frac{\exp\left[-\sqrt{s}\sqrt{a^2 + (\xi - 2n\xi_e)^2}\right]}{\sqrt{a^2 + (\xi - 2n\xi_e)^2}} = \frac{1}{\xi_e}\left[K_0(a\sqrt{s}) + \sum_{n=1}^{+\infty}K_0\left(a\sqrt{s + \frac{n^2\pi^2}{\xi_e^2}}\right)\cos(n\pi)\frac{\xi}{\xi_e}\right]$$
$$\tag{4-8}$$

$$\Delta\widetilde{p} = \frac{\widetilde{q}\mu}{2\pi KLh_D s}\left[K_0(r_D\sqrt{s}) + 2\sum_{n=1}^{\infty}K_0(r_D\varepsilon_n)\cos(n\pi)\frac{z_D}{h_D}\cos(n\pi)\frac{z_{wD}}{h_D}\right] \tag{4-9}$$

其中

$$\varepsilon_n = \sqrt{s + n^2\pi^2/h_D^2}$$

式中 K_0——初始渗透率，$10^{-3}\ \mu m^2$；

$\quad\quad\ a$——孔眼半径，mm；

$\quad\quad\ h_D$——无因次距离；

$\quad\quad\ s$——表皮因子。

式(4-9)为水平方向无限大地层中点源基本表达式。利用该式对水平位置进行积分，可以得到线源表达式。

水平封闭边界时，三维条件下，Laplace 空间渗流方程为：

$$\frac{1}{r_D}\frac{\partial}{\partial r_D}\left(r_D\frac{\partial\widetilde{p}_D}{\partial r_D}\right) + \frac{\partial^2\widetilde{p}_D}{\partial z_D^2} - s\widetilde{p}_D = 0 \tag{4-10}$$

利用点源的定义，可有：

$$\lim_{\varepsilon\to 0^+}\left(\lim_{r_D\to 0^+}\frac{2\pi K}{\mu}\int_{z_{wD}-\varepsilon_D/2}^{z_{wD}+\varepsilon_D/2}r_D\frac{\partial\widetilde{p}_D}{\partial r_D}dz_{wD}\right) = -\frac{\widetilde{q}}{s} \tag{4-11}$$

现假设方程(4-10)的形式解为：

$$\widetilde{p}_D = P + R \tag{4-12}$$

其中，P 与 R 均代表满足方程(4-10)的解。其中 P 表示式(4-9)，这样，P 能够满足方程(4-10)及点源定义式(4-11)的要求，即 P 为方程(4-10)的通解。利用解 R 来反映水平边界条件的要求，即将 R 考虑成特解，以反映水平边界性质的不同。

考虑外边界为封闭，则

$$\left(\frac{\partial\widetilde{p}_D}{\partial r_D}\right)_{r_D = r_{eD}} = 0 \tag{4-13}$$

式中 r_{eD}——无因次边缘半径。

方程(4-12)中的特解 R 既满足方程(4-10)又满足方程(4-13)的要求，取 R 为：

$$R = AI_0(r_D\sqrt{s}) + \sum_{n=1}^{\infty} B_n I_0(r_D\varepsilon_n)\cos(n\pi)\frac{z}{h}\cos(n\pi)\frac{z_w}{h} \tag{4-14}$$

即可得到封闭边界满足方程(4-10)的解为：

$$\Delta\widetilde{p} = \frac{\widetilde{q}\mu}{2\pi KLh_D s}\left\{ K_0(r_D\sqrt{s}) + \frac{I_0(r_D\sqrt{s})K_1 r_{eD}\sqrt{s}}{I_1 r_{eD}\sqrt{s}} + \right.$$

$$\left. 2\sum_{n=1}^{+\infty}\cos(n\pi)\frac{z}{h}\cos(n\pi)\frac{z_w}{h}\left[K_0(r_D\varepsilon_n) + \frac{I_0(r_D\sqrt{s})K_1 r_{eD}\sqrt{s}}{I_1 r_{eD}\sqrt{s}} \right] \right\} \tag{4-15}$$

式中　I_0, I_1——第一类修正贝塞尔数；

　　　K_0, K_1——第二类修正贝塞尔数；

　　　h——地层厚度，m；

　　　A——椭圆区域面积，m²；

　　　B_n——任意一点对应的体积系数。

4.1.3　不稳定产能预测的基本原理

水力压裂后油井的产量预测是压裂设计中的重要环节，它最终将评价压裂设计中裂缝的几何尺寸、导流能力等是否符合油气井压裂要求的效果，在众多的压裂方案中还要选择压裂经济效益最佳的方案来进行施工。压裂井产量预测的方法很多，垂直裂缝井的稳态产能预测已有很多方法，这里主要研究垂直裂缝井不稳定产能预测方法。

由式(4-1)～式(4-15)求得各种边界及地层条件下的井底压力随时间的变化关系，对于线源解，空间无因次产量公式为：

$$\widetilde{q}_D = \frac{1}{L^2 \cdot \widetilde{p}_D} \tag{4-16}$$

式中　L——线源长度，m。

利用式(4-15)求得的井底压力公式，通过 Stehfest 变换，利用式(4-16)即可求得各种边界及地层条件下无因次产量与时间的关系，从而得到不稳定产能递减曲线。

4.2　复杂块状特低渗油藏燃爆压裂产能预测

4.2.1　数学模型的假设条件

(1)油藏均质等厚，各向同性，等压边界。

(2)n 条有限导流能力的垂直裂缝均匀分布在井筒周围，剖面为矩形，性质完全相同。

(3)裂缝高度等于油藏厚度。

(4)油井未压裂时，流体在地层中的流动为径向流，油井压裂后，流体向裂缝中的流动为拟径向流，在裂缝中的流动为单向流。

（5）不考虑裂缝随时间的时效性。

（6）油藏及裂缝内均为油水两相稳态渗流，渗流符合达西线性定律。

（7）忽略毛管压力和重力作用。

4.2.2　节点系统分析计算模型

1）从定压边界到裂缝圆的流动

在给定裂缝圆压力时，利用达西流动公式可以计算流到裂缝圆（假设以裂缝长为半径的圆周上各点的压力相同，为一个等势圆，称为裂缝圆）的流量（图 4-1 虚线箭头流动区域）。

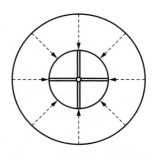

图 4-1　油藏边缘到裂缝圆示意图

采用节点系统分析的方法进行计算，以裂缝圆为求解节点，求解节点处的压力为 $p_{wf1}(i)$，井底压力为 $p_{wf2}(j)$。求解节点处的流入动态表示为：

$$Q_{lr-f}(i) = \frac{2\pi K K_l h_e \left[p_e - p_{wf1}(i) \right] \times 0.086\,4}{B_l \mu_l \left[\ln(R_e/L_f) - 1/2 \right]} \qquad (4-17)$$

式中　$Q_{lr-f}(i)$——$p_{wf1}(i)$ 时地层渗流量，m^3/d；

　　　　h_e——储层有效厚度，m；

　　　　K——油层绝对渗透率，$10^{-3}\ \mu m^2$；

　　　　K_l——l 相流体相对渗透率，下标中 $l=o$，油相，$l=w$，水相；

　　　　p_e——供给边界压力，MPa；

　　　　$p_{wf1}(i)$——求解节点处（裂缝圆）压力，MPa；

　　　　B_l——l 相流体的体积系数，m^3/m^3；

　　　　μ_l——l 相流体的黏度，$mPa \cdot s$；

　　　　R_e——供给边界半径，m；

　　　　L_f——裂缝圆折算半径（即燃爆裂缝长度），m。

2）从裂缝圆到井底的流动

从裂缝圆向井底的流动分为两部分：一是从裂缝圆向井底的平面径向流；二是从燃爆裂缝向井底的裂缝单向流。

（1）从裂缝圆处通过基质到井底的平面径向渗流。

$$Q_{lf-w1}(i) = \frac{2\pi K K_l h_e \left[p_{wf1}(i) - p_{wf2}(j) \right] \times 0.086\,4}{B_l \mu_l \left[\ln(R_e/L_f) - 1/2 \right]} \qquad (4-18)$$

式中　$Q_{lf-w1}(i)$——通过基质的平面径向流流入井底的流量，m^3/d；

　　　　$p_{wf2}(j)$——井底流压，MPa。

（2）在裂缝中的单向流动。

$$Q_{lf-w2}(i) = \frac{K_{fr} K_{fl} W_f h_e \left[p_{wf1}(i) - p_{wf2}(j) \right] \times 0.086\,4 \times n}{B_l \mu_l L_f} \qquad (4-19)$$

式中　　Q_{lf-w2}——通过裂缝流入井底的流量，m^3/d；

　　　　K_{fr}——裂缝的绝对渗透率，$10^{-3}\mu m^2$；

　　　　K_{lf}——裂缝中 l 相的相对渗透率；

　　　　W_f——裂缝的宽度，m；

　　　　n——裂缝的条数。

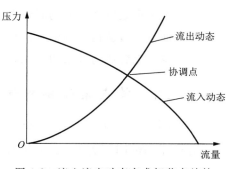

图 4-2　流入流出动态在求解节点处的协调曲线

3）绘制协调曲线的思路

流入裂缝圆与流出裂缝圆处的动态协调曲线如图 4-2 所示。求解节点处稳定流动协调点是流入动态曲线和流出动态曲线的交点，这个协调点对应的产量和压力即为相应的井底流压下的油井产量和求解节点处流体的压力。用公式表达为：

$$Q_{lr-f}(i) = Q_{lf-w1}(i) - Q_{lf-w2}(i) \tag{4-20}$$

4）节点系统分析数学模型的思路

假设一个裂缝圆，此圆的半径是裂缝半长，以这个裂缝圆为节点进行分析；假设一个裂缝圆压力，节点处的流入动态是流体从无限远处通过平面径向流到裂缝圆上；假设一个井底流压，节点处的流出动态分成两部分，一部分是从裂缝圆到井底的平面径向流，一部分是通过裂缝的单向流到井底；如果结果不符合平衡原理，则重新假设裂缝圆压力，如果符合就得到一个井底流压和流量值；再重新假设井底流压，重复上面的步骤从而得出一系列井底流压和流量值，把这些值做成图就得到了 IPR 曲线。改变裂缝某一个参数再重复上面的步骤又得到 IPR 曲线，对结果进行计算分析。

4.2.3　保角变换计算模型

工程上经常根据流体渗流和电流的相似性，用电路图来描述渗流过程，然后按照克希霍夫电路定律求解，这种方法就是等值渗流阻力法。基于等值渗流阻力法的基本原理是把井筒燃爆压裂后流体从油藏边界流到井底的流动看成两种渗流的组合，一种是从供给边缘向燃爆裂缝的流动（图 4-3 虚线箭头区域），另一种是流体在裂缝里面的渗流，即流体从裂缝端部流到井筒。利用保角变换方法，把沿井筒周边均匀分布的裂缝进行变换，推导了燃爆压裂油井产能的计算模型。

1）物理模型

井筒燃爆压裂后，油层中裂缝的物理模型如图 4-3 所示（以 4 条裂缝为例）。从供给边缘向燃爆裂缝流动的阻力称为外阻，流体在裂缝里面的渗流阻力称为内阻。

2）数学模型的推导

（1）供给边界到裂缝的渗流。

井筒燃爆压裂作用后产生 n 条裂缝的油井，裂缝均匀分布，每条裂缝的渗流区域占总渗

流区域的 $1/n$。下面以一条裂缝的渗流区域为例进行渗流阻力的计算。

图 4-4 给出了保角变换的求解顺序，Z 为原始复平面，Z_1 为原始复平面上的复数；A_1，A_2，A_3，A_4 为每次保角变换后的复平面，a_1，a_2，a_3，a_4 为对应复平面上的复数。Z 平面上的复数经过式 (4-21) 的变换变为 A_1 平面上的复数，A_1 平面上的复数经过公式 (4-22) 变换为 A_2 平面上的复数，A_2 平面上的复数经过式 (4-23) 变换为 A_3 平面上的复数，A_3 平面上的复数经过式 (4-24) 变换为 A_4 平面上的复数。

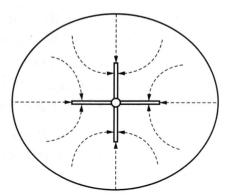

图 4-3　地层渗流示意图

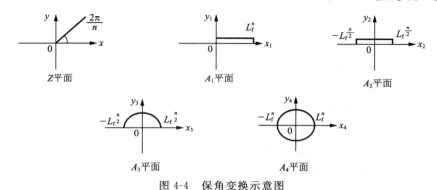

图 4-4　保角变换示意图

$$a_1 = z_1^n \tag{4-21}$$

式中　n——裂缝条数。

$$a_2 = \sqrt{a_1} \tag{4-22}$$

$$a_3 = a_2 + \sqrt{a_2^2 - L_f^n} \tag{4-23}$$

式中　L_f——裂缝的长度，m。

$$a_4 = a_3^2 \tag{4-24}$$

经过上述 4 步变换，幅角为 $2\pi/n$ 的一条裂缝已映射为半径为 $L_f^{n/2}$ 的圆周，最终的保角变换可综合为：

$$a = 2z^n - L_f^n + 2z^{\frac{n}{2}}\sqrt{z^n - L_f^n} \tag{4-25}$$

由达西定律得：

$$Q_{fl} = \frac{2\pi K K_l h_e (p_e - p_{ff}) \times 0.086\,4}{B_l \mu_l \left[\ln(R_e / L_f^{n/2}) - 1/2 \right]} \tag{4-26}$$

式中　h_e——储层有效厚度，m；

　　　K——油层绝对渗透率，$10^{-3}\,\mu m^2$；

　　　K_{rl}——l 相流体相对渗透率；

p_e——供给边界压力,MPa;

p_{ff}——裂缝中的流压,MPa;

Q_{fl}——油藏到一条裂缝的流量,m³/d;

R_e——Z 平面上(实际)供给边界半径,m;

B_l——l 相流体的体积系数,m³/m³;

μ_l——l 相流体的黏度,mPa·s。

根据式(4-25),Z 平面中油藏泄油半径 R_e 变换到 A_4 平面上为:

$$R_e' = 2R_e^n - L_f^n + 2R_e^{\frac{n}{2}}\sqrt{R_e^n - L_f^n} \tag{4-27}$$

式中 R_e'——A_4 平面上的供给边界半径,m。

渗流外阻 R_{wai} 为:

$$R_{wai} = \frac{B_l\mu_l\left[\ln\dfrac{2R_e^n - L_f^n + 2R_e^{\frac{n}{2}}\sqrt{R_e^n - L_f^n}}{L_f^{\frac{n}{2}}}\right]}{2\pi KK_{rl}h_e \times 0.086\,4} \tag{4-28}$$

式中 R_{wai}——幅角 $2\pi/n$ 的一条裂缝外阻,(MPa·d)/m³。

(2)裂缝中的渗流。

取燃爆裂缝中宽度为 W_f、高度为 h_e、长度为 $\mathrm{d}y$ 的微元体进行研究,如图 4-5 所示 。

由质量守恒定律可知,流出单元体的质量等于流进单元体的质量(不考虑流体压缩性),经整理归纳得:

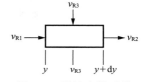

图 4-5 裂缝中微元体示意图

$$W_f v_{R1} + 2v_{R3}\mathrm{d}y = W_f v_{R2} \tag{4-29}$$

其中

$$v_{R1} = \frac{K_f \times 10^{-6}}{\mu_l}\left.\frac{\mathrm{d}p_{ff}}{\mathrm{d}y}\right|_y \tag{4-30}$$

$$v_{R2} = \frac{K_f \times 10^{-6}}{\mu_l}\left.\frac{\mathrm{d}p_{ff}}{\mathrm{d}y}\right|_{y+\mathrm{d}y} \tag{4-31}$$

式中 v_{R1}——燃爆裂缝中流入微元体的流体速度,m/s;

v_{R3}——油藏向裂缝提供流体的速度,m/s;

v_{R2}——燃爆裂缝中流出微元体的流体速度,m/s;

y——微元体与裂缝前端的距离,m。

由式(4-29)、式(4-30)和式(4-31)可得:

$$v_{R3} = \frac{W_f K_f \times 10^{-6}}{\mu_l}\frac{\mathrm{d}^2 p_{ff}}{\mathrm{d}y^2} \tag{4-32}$$

假设油藏渗流进入燃爆裂缝的渗流速度从裂缝前端到井筒半径处线性降低,则

$$v_{R3} = \frac{Q_{fl}}{h_e L_f^2 \times 86\,400}(L_f - y) \tag{4-33}$$

将式(4-26)代入式(4-33)可得：

$$v_{R3} = \frac{(p_e - p_{ff})(L_f - y)}{\dfrac{B_l \mu_l L_f^2 \times 10^6}{2\pi K_e K_{rl}} \left(\ln \dfrac{2R_e^n - L_f^n + 2R_e^{n/2}\sqrt{R_e^n - L_f^n}}{L_f^n} - \dfrac{1}{2} \right)} \tag{4-34}$$

联立式(4-32)和式(4-34)得：

$$\frac{d^2 p_{ff}}{dy^2} = \frac{4\pi K_e K_{rl}(p_e - p_{ff})(L_f - y)}{B_l K_l L_f^2 W_f \left(\ln \dfrac{2R_e^n - L_f^n + 2R_e^{\frac{n}{2}}\sqrt{R_e^n - L_f^n}}{L_f^n} - \dfrac{1}{2} \right)} \tag{4-35}$$

式(4-35)的边界条件为：

$$\frac{dp_{ff}}{dy}\bigg|_{y=0} = 0 \tag{4-36}$$

$$p_{ff}\big|_{y=L_f} = p_{wf} \tag{4-37}$$

$$\frac{dp_{ff}}{dy}\bigg|_{y=L_f} = \frac{\mu_l Q_{fl} \times 0.086\,4}{K_f W_f h_e} \tag{4-38}$$

根据二阶线性方程的幂级数解法，可令

$$p_{ff} = c_0 + c_1 y + c_2 y^2 + c_3 y^3 + \cdots + c_m y^m + \cdots$$

根据三个边界条件和式(4-35)可求得：

$$c_0 = p_{wf} + \frac{\mu_l Q_{fl} L_f}{3K_f W_f h_e \times 0.086\,4}\left(\frac{-2y}{L_f - 2y} \right) \tag{4-39}$$

$$c_1 = 0 \tag{4-40}$$

$$c_2 = \frac{\mu_l Q_{fl}}{3K_f W_f h_e \times 0.086\,4}\left(\frac{1}{L_f - 2y} \right) \tag{4-41}$$

$$c_3 = -\frac{\mu_l Q_{fl}}{3K_f W_f L_f^2 h_e \times 0.086\,4}\left(\frac{3L_f - 2y}{L_f - 2y} \right) \tag{4-42}$$

所以，幅角 $2\pi/n$ 的一条裂缝内阻为：

$$R_{nei} = \frac{p_{ff}\big|_{y=0} - p_{ff}\big|_{y=L_f}}{Q_{fl}} = \frac{2\mu_l L_f}{3K_f W_f h_e \times 0.086\,4} \tag{4-43}$$

式中　R_{nei}——幅角 $2\pi/n$ 的一条裂缝内阻，(MPa·d)/m³。

（3）燃爆压裂油井产能计算模型(图 4-6)。

联立式(4-28)和式(4-43)可得一条裂缝的 $2\pi/n$ 渗流区域产量为：

$$Q_{l1} = \frac{p_e - p_{wf}}{R_{wai} + R_{nei}} \tag{4-44}$$

所以，n 条裂缝油井的总产量为：

$$Q_l = \frac{p_e - p_{wf}}{R_{wai} + R_{nei}} = \frac{n(p_e - p_{wf})}{\dfrac{B_l \mu_l \left(\ln \dfrac{2R_e^n - L_f^n + 2R_e^{\frac{n}{2}}\sqrt{R_e^n - L_f^n}}{L_f^n} - \dfrac{1}{2} \right)}{2KK_{ri}h_e \times 0.086\,4} + \dfrac{2\mu_l L_f}{3K_f W_f h_e \times 0.086\,4}} \tag{4-45}$$

式中 K_fW_f——裂缝导流能力,$10^{-3}\ \mu m^2 \cdot m$;

$\quad\quad Q_l$——燃爆压裂油井 l 相的产量,m^3/d。

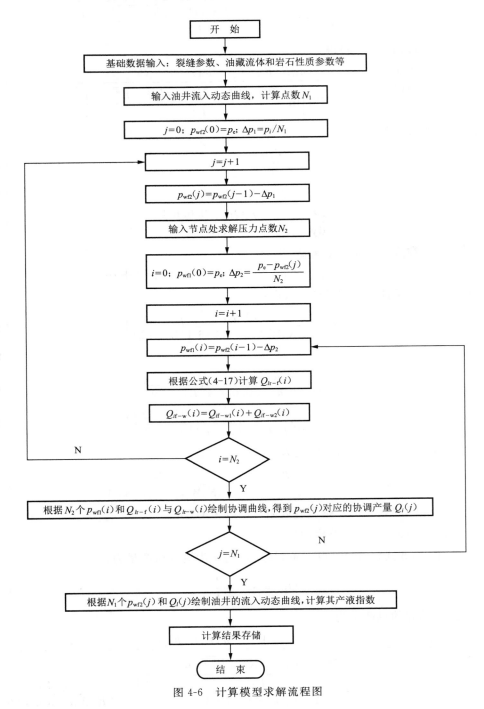

图 4-6 计算模型求解流程图

4.3　复杂块状特低渗油藏燃爆诱导前置酸压裂产能预测

本部分基于带有多裂缝单井物理模型,利用油藏渗流理论和节点系统分析的方法,建立了燃爆诱导前置酸压裂(燃爆诱导压裂)油井产能计算模型,预测了复合压裂油井产能。

4.3.1　基本假设

(1)油藏外边界定压,内边界定流压,各向同性。

(2)燃爆诱导水力压裂裂缝中的压力与井底流压相同,流向裂缝就相当于流向井底。

(3)油井压裂后,裂缝内流体的流动可以看成基质中的径向流和由基质流向裂缝的线性流。

4.3.2　油井裂缝模型产能分析

在裂缝的长度上划分 n 个弧形网格如图 4-7 所示。

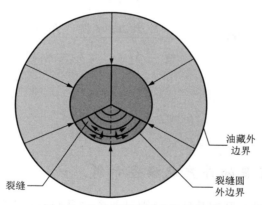

图 4-7　油井压裂后简化渗流模型

1)几何模型

假设有三条裂缝且已知裂缝长度 L_f,m;油藏厚度 h,m;井筒半径 r_w,m;绝对渗透率 K_e,$10^{-3} \mu m^2$;相对渗透率 K_{rl};黏度 μ_l,mPa·s;地层体积系数 B_l,m^3/m^3;$l=$o,w。由于裂缝对称出现,两个裂缝之间由中轴线向两个裂缝对称流动,考虑 $\frac{1}{6}$ 个裂缝圆,则第 i 个弧形中心半径 r_i 和弧形的中心对应的弧长 L_i 的计算公式为:

$$\begin{cases} r_i = \dfrac{L_f}{n}i - \dfrac{L_f}{2n} + r_w & (1 \leqslant i \leqslant n+1) \\ L_i = \dfrac{2\pi r_i}{6} = \dfrac{\pi r_i}{3} = \left(\dfrac{L_f}{n}i - \dfrac{L_f}{2n} + r \right)\dfrac{\pi}{3} & (1 \leqslant i \leqslant n+1) \end{cases} \tag{4-46}$$

2）质量守恒模型

把渗流看成拟稳态渗流,则流进的等于流出的。把第 i 个网格中心的压力看成是 p_i,则从 i 网格到 $i-1$ 网格看成是径向流,从第 i 个网格到裂缝看成是从第 i 个网格线性流向井底,流动的距离就是网格的中心弧长 $L_i (1 \leqslant i \leqslant n)$。对于第 $n+1$ 个网格,只有从边界流到这个网格的径向流。

由质量守恒定律得每个网格内流体质量变化方程为:

$$
\begin{cases}
Q_{p_{i+1} \to p_i} = Q_{p_i \to p_{i-1}} + Q_{p_i \to p_{wf}} & (1 \leqslant i \leqslant n) \\
Q_{p_{i+1} \to p_i} = Q_{p_i \to p_{i-1}} & (i = n+1)
\end{cases}
\tag{4-47}
$$

3）渗流模型

把油藏边界到裂缝圆以及裂缝圆内的网格之间的径向流看成拟稳态的达西渗流,裂缝圆内的网格到裂缝的流动看成线性流,其流动的有效线性距离近似看成网格中心对应的弧长,考虑 1/6 个裂缝圆,公式如下:

$$
\begin{cases}
Q_{p_{i+1} \to p_i} = \dfrac{\pi K_e K_{rl} h (p_{i+1} - p_i)}{3 \mu_l B_l \ln \dfrac{r_{i+1}}{r_i}} \\[4mm]
Q_{p_i \to p_{wf}} = \dfrac{3 K_e K_{rl} L_f h (p_i - p_{wi})}{\pi \mu_l B_l \left(L_{fi} - \dfrac{1}{2} L_f + n r_w\right)}
\end{cases}
\tag{4-48}
$$

4）边界条件

$$
\begin{cases}
p_i = p_{wf} & (i < 1) \\
p_i = p_e & (i > n+1)
\end{cases}
\tag{4-49}
$$

4.3.3　复合压裂油井产能模型计算

在油井裂缝产能模型研究的基础上分别对两个边界网格和中间网格分开计算,将产量方程及边界条件带入质量守恒方程(4-47)得到如下 $n+1$ 个方程组:

当 $i=1$ 时,有

$$
\begin{aligned}
&\left[\frac{\pi^2 K_{ro}}{\mu_o B_o \ln \frac{3L_f + 2nr_w}{L_f + 2nr_w}} + \frac{\pi^2 K_{rw}}{\mu_w B_w \ln \frac{3L_f + 2nr_w}{L_f + 2nr_w}} + \frac{\pi^2 K_{ro}}{\mu_o B_o \ln \frac{L_f + 2nr_w}{2nr_w}} + \frac{\pi^2 K_{rw}}{\mu_w B_w \ln \frac{L_f + 2nr_w}{2nr_w}} + \right. \\
&\left. \frac{3^2 K_{ro} L_f}{\mu_o B_o \left(\frac{1}{2} L_f + nr_w\right)} + \frac{3^2 K_{rw} L_f}{\mu_w B_w \left(\frac{1}{2} L_f + nr_w\right)} \right] p_{1j} - \left[\frac{\pi^2 K_{ro}}{\mu_o B_o \ln \frac{3L_f + 2nr_w}{L_f + 2nr_w}} + \frac{\pi^2 K_{rw}}{\mu_w B_w \ln \frac{3L_f + 2nr_w}{L_f + 2nr_w}} \right] p_2 = \\
&\left[\frac{\pi^2 K_{ro}}{\mu_o B_o \ln \frac{L_f + 2nr_w}{2nr_w}} + \frac{\pi^2 K_{rw}}{\mu_w B_w \ln \frac{L_f + 2nr_w}{2nr_w}} + \frac{3^2 K_{ro} L_f}{\mu_o B_o \left(\frac{1}{2} L_f + nr_w\right)} + \frac{3^2 K_{rw} L_f}{\mu_w B_w \left(\frac{1}{2} L_f + nr_w\right)} \right] p_{wf}
\end{aligned}
$$

当 $2 \leqslant i \leqslant n$ 时,有

$$\left\{\left[\frac{\pi^2 K_{ro}}{\mu_o B_o \ln\dfrac{2L_{fi}-L_f+2nr_w}{2L_{fi}-3L_f+2nr_w}}+\frac{\pi^2 K_{rw}}{\mu_w B_w \ln\dfrac{2L_{fi}-L_f+2nr_w}{2L_{fi}-3L_f+2nr_w}}\right]p_{i-1}-\left[\frac{\pi^2 K_{ro}}{\mu_o B_o \ln\dfrac{2L_{fi}+L_f+2nr_w}{2L_{fi}-L_f+2nr_w}}+\right.\right.$$

$$\frac{\pi^2 K_{rw}}{\mu_w B_w \ln\dfrac{2L_{fi}+L_f+2nr_w}{2L_{fi}-L_f+2nr_w}}+\frac{\pi^2 K_{ro}}{\mu_o B_o \ln\dfrac{2L_{fi}-L_f+2nr_w}{2L_{fi}-3L_f+2nr_w}}+\frac{\pi^2 K_{rw}}{\mu_w B_w \ln\dfrac{2L_{fi}-L_f+2nr_w}{2L_{fi}-3L_f+2nr_w}}+$$

$$\left.\frac{3^2 K_{ro}L_f}{\mu_o B_o\left(L_{fi}-\dfrac{1}{2}L_f+nr_w\right)}+\frac{3^2 K_{rw}L_f}{\mu_w B_w\left(L_{fi}-\dfrac{1}{2}L_f+nr_w\right)}\right]p_i+\left[\frac{\pi^2 K_{ro}}{\mu_o B_o \ln\dfrac{2L_{fi}+L_f+2nr_w}{2L_{fi}-L_f+2nr_w}}+\right.$$

$$\left.\left.\frac{\pi^2 K_{rw}}{\mu_w B_w \ln\dfrac{2L_{fi}+L_f+2nr_w}{2L_{fi}-L_f+2nr_w}}\right]p_{i+1}\right\}=-\left[\frac{3^2 K_{ro}L_f}{\mu_o B_o\left(L_{fi}-\dfrac{1}{2}L_f+nr_w\right)}+\frac{3^2 K_{rw}L_f}{\mu_w B_w\left(L_{fi}-\dfrac{1}{2}L_f+nr_w\right)}\right]p_{wf}$$

当 $i=n+1$ 时，有

$$\left\{\left[\frac{K_{ro}}{\mu_o B_o \ln\dfrac{(2n+1)L_f+2nr_w}{(2n-1)L_f+2nr_w}}+\frac{K_{rw}}{\mu_w B_w \ln\dfrac{(2n+1)L_f+2nr_w}{(2n-1)L_f+2nr_w}}\right]p_{nj}-\left[\frac{K_{ro}}{\mu_o B_o \ln\dfrac{(2n+1)L_f+2nr_w}{(2n-1)L_f+2nr_w}}+\right.\right.$$

$$\left.\left.\frac{K_{rw}}{\mu_w B_w \ln\dfrac{(2n+1)L_f+2nr_w}{(2n-1)L_f+2nr_w}}+\frac{K_{ro}}{\mu_o B_o \ln\dfrac{r_e}{L_f+\dfrac{L_f}{2n}+r_w}}+\frac{K_{ro}}{\mu_o B_o \ln\dfrac{r_e}{L_f+\dfrac{L_f}{2n}+r_w}}\right]p_{(n+1)j}\right\}=$$

$$\left[\frac{K_{ro}}{\mu_o B_o \ln\dfrac{r_e}{L_f+\dfrac{L_f}{2n}+r_w}}+\frac{K_{ro}}{\mu_o B_o \ln\dfrac{r_e}{L_f+\dfrac{L_f}{2n}+r_w}}\right]p_e$$

把上述三个式子写成矩阵的形式为：

$$\begin{bmatrix} B_1 & C_1 & & & & \\ A_2 & B_2 & C_2 & & & \\ & \ddots & \ddots & \ddots & & \\ & & \ddots & B_i & C_i & \\ & & & \ddots & \ddots & \ddots \\ & & & & A_{n+1} & B_{n+1} \end{bmatrix}\begin{bmatrix} p_1 \\ p_2 \\ \vdots \\ p_i \\ \vdots \\ p_{n+1} \end{bmatrix}=\begin{bmatrix} D_1 \\ D_2 \\ \vdots \\ D_i \\ \vdots \\ D_{n+1} \end{bmatrix}$$

进而用追赶法求出方程的解 $p_1,p_2,\cdots,p_{n+1}$。

由此便可得带有三条裂缝的产量公式：

$$Q_{j\text{总产液量}}=(Q_o+Q_w)_{p_1\rightarrow p_{wf}}+(Q_o+Q_w)_{p_2\rightarrow p_{wf}}+\cdots+(Q_o+Q_w)_{p_n\rightarrow p_{wf}}$$

$$=3\times 2\sum_{i=1}^{n}\left[\frac{K_e K_{ro}L_f^2 h(p_i-p_{wi})}{\pi\mu_o B_o\left(L_{fi}-\dfrac{1}{2}L_f+nr_w\right)}+\frac{K_e K_{rw}L_f^2 h(p_i-p_{wf})}{\pi\mu_w B_w\left(L_{fi}-\dfrac{1}{2}L_f+nr_w\right)}\right]+$$

$$\frac{2\pi K_e K_{ro}(p_1-p_{wf})}{\mu_o B_o \ln\dfrac{L_f+2nr_w}{2nr_w}}+\frac{2\pi K_e K_{rw}(p_1-p_{wf})}{\mu_w B_w \ln\dfrac{L_f+2nr_w}{2nr_w}}$$

同理可推导出油井周围 L_t 条裂缝的产量公式：

$$Q_{\text{总产液量}} = L_t \times 2 \sum_{i=1}^{n} \left[\frac{K_e K_{ro} L_f^2 h (p_i - p_{wf})}{\pi \mu_o B_o \left(L_{fi} - \frac{1}{2} L_f + nr_w\right)} + \frac{K_e K_{rw} L_f^2 h (p_i - p_{wf})}{\pi \mu_w B_w \left(L_{fi} - \frac{1}{2} L_f + nr_w\right)} \right] +$$

$$\frac{2\pi K_e K_{ro} (p_1 - p_{wf})}{\mu_o B_o \ln \dfrac{L_f + 2nr_w}{2nr_w}} + \frac{2\pi K_e K_{rw} (p_1 - p_{wf})}{\mu_w B_w \ln \dfrac{L_f + 2nr_w}{2nr_w}}$$

式中　　L_t——裂缝条数；

　　　　p_{wf}——井底流压，MPa；

　　　　p_e——供给边界压力，MPa；

　　　　p_i——第 i 个网格中心压力，MPa。

4.4　实例计算及结果分析

计算基础数据：$p_e = 21$ MPa，$R_e = 350$ m，$K = 0.26 \times 10^{-3} \mu m^2$，$r_w = 0.069\ 9$ m，$s_w = 0.653\ 2$，$\mu_o = 2.5$ mPa·s，$B_o = 1.2$ m³/m³，$\mu_w = 0.56$ mPa·s，$B_w = 1.0$ m³/m³，$p_{wf} = 13$ MPa，孔隙度 15%，模型原始含油饱和度 45%，地层原油密度平均 0.747 t/m³，储层有效厚度 $h_e = 15$ m，燃爆裂缝长度 $L_f = 8$ m。采用 Matlab 软件计算不同储层改造方式下无因次产量与无因次时间的变化关系，结果如图 4-8 所示。

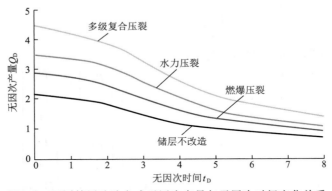

图 4-8　不同储层改造方式无因次产量与无因次时间变化关系

由图 4-8 可以看出，不同储层改造方式下多级复合压裂后无因次产量最大，水力压裂次之，再次是燃爆压裂，储层不进行改造效果最差。随着时间的延长，无因次产量都呈现出下降趋势，同时，可以发现在改造后前期储层改造效果相差比较明显，但随着时间的延长，改造效果差别逐渐变小，但仍是多级复合改造效果最好，储层不改造开发效果最差。

第5章 复杂块状特低渗油藏燃爆诱导前置酸压裂改造工艺技术

由第3章可知,燃爆诱导前置酸压裂在长8储层具有较好的适应性。本章通过理论分析、建立模型、室内实验和软件分析等手段对延时多级燃爆压裂工艺技术进行了研究,设计了长8储层燃爆压裂方案,为该技术在现场的实施提供了有力的理论支撑;在燃爆压裂研究的基础上,优化了长8储层最佳的裂缝参数,并借助水力压裂软件对预存在燃爆裂缝下的水力压裂技术进行了研究,形成了单井施工设计[34-64]。

5.1 燃爆过程动力学模型研究

5.1.1 火药燃爆过程物理模型

当前用于高能气体压裂的火药一般为高温无壳弹,在通井后用油管将压裂弹置于目的层上部0～5 m处,然后用压挡液顶替井内钻井液,这里的压挡液一般用清水,在水敏地层常用原油或柴油,完成上述作业后,投棒引爆进行高能气体压裂。因此,高能药是浸没在液体中燃爆的,其燃爆过程中产生的高压气体一方面推动下部液体或直接将火药燃气挤入射孔孔眼,压裂油层;一方面压缩推动上部的压挡液柱。火药燃爆模型可简化为如图5-1所示的物理环境,认为是在一定密闭空间内的定量火药燃爆情况,其中火药的结构为圆筒状,采用内

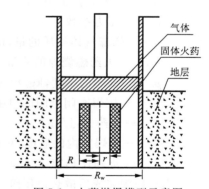

图 5-1 火药燃爆模型示意图

表面同时点燃,与实际高能气体压裂燃爆过程相同。在此条件下建立火药燃爆过程中压力、温度随时间定量关系模型,为后面的 HEGF 过程耦合模型的建立提供基础。

高能气体压裂的整个过程通常在不到1 s的时间内完成。由于其过程复杂,为了使问题简化,采用了下列假设条件:

(1) 火药燃爆空间密闭,容积不随时间变化。

(2) 火药燃爆过程中密闭空间内各点的压力、温度保持一致。

（3）火药燃爆服从几何燃爆规律。

（4）燃爆加载过程为绝热过程，加载后为非绝热过程。

（5）燃气为定比热容的完全气体，符合完全气体状态方程。

（6）推进剂燃爆完全，燃爆产物组分不变。

5.1.2　火药燃爆过程数学模型

密闭区间火药燃爆段，由火药燃速方程、气体状态方程、质量守恒方程和能量守恒方程组成火药燃爆过程动力学模型，求解方程组，即可推导出燃爆密闭空间内的压力-时间、温度-时间变化关系，如式（5-1）所示：

$$\begin{cases} \dfrac{dV_g}{dt} = w_0 S_0 p^{n'} \\ pV = nRT \\ \dfrac{V_r}{RT}\dfrac{dp}{dt} = \rho_0 S_0 w_0 p^{n'} + \dfrac{pV_r}{RT^2}\dfrac{dT}{dt} \\ (f - c_g T - c_g)\dfrac{dm_r}{dt} = (c_g m_r)\dfrac{dT}{dt} + 2p\dfrac{dV}{dt} + V\dfrac{dp}{dt} \end{cases} \tag{5-1}$$

式中　V_g——药柱的燃爆体积，m^3；

　　　S_0——含油饱和度，%；

　　　R——摩尔气体常数，$J/(mol \cdot K)$；

　　　p——井筒压力，MPa；

　　　V——密闭空间的体积，m^3；

　　　w_0——燃速系数（压力为 1 MPa 时的燃爆速度），$m/(s \cdot MPa)$；

　　　n'——压力指数；

　　　n——燃爆气体物质的量，mol；

　　　m_r——火药燃烧掉的质量，kg；

　　　ρ_0——火药的密度，kg/m^3；

　　　V_r——燃爆密闭空间的自由容积，m^3；

　　　f——火药力，J/kg；

　　　T——燃爆室内的温度，℃；

　　　c_g——火药比热容，$J/(kg \cdot ℃)$。

火药燃爆完成后散热泄压阶段：火药燃爆结束后，无新燃气生成，假若气体体积不变，系统只有热损失，压力、温度逐渐下降。后效段密闭空间内的温度与时间关系如式（5-2）所示：

$$T = T_0 + \theta_0 \times \exp\left[-\int_0^t F(t)dt\right] \tag{5-2}$$

$$F(t) = \frac{8\pi a \lambda_f}{\rho_0 C_V[2\pi\lambda + f(t)]}$$

$$f(t) = 0.982\ln\left(1 + 362\frac{\sqrt{at}}{D}\right)$$

式中　$f(t)$——反映非稳态性质的时间函数；

　　t——火药燃烧时间，s；

　　D——井筒直径，m；

　　a——地层的导温系数或热扩散系数，$(m \cdot K)/W$；

　　α——气体与地层的对流换热系数，$W/(m^2 \cdot K)$；

　　ρ——气体密度，kg/m^3；

　　C_V——气体压缩系数，MPa^{-1}；

　　λ_f——地层导热系数，$W/(m^2 \cdot K)$；

　　λ——气体导热系数，$W/(m^2 \cdot K)$。

后效段密闭空间内的压力与时间的关系如式(5-3)所示：

$$p = \rho R T_0 + \rho R (T_m - T_0) \times \exp \left[-\int_0^t F(t) \mathrm{d}t \right] \tag{5-3}$$

式中　T_0——燃爆前密闭空间的温度，℃；

　　　T_m——燃爆后密闭空间的温度，℃；

　　　ρ——气体的密度，kg/m^3；

　　　θ_0——温度随时间的变化率，℃/min；

　　　$F(t)$——中间变量。

该模型是在火药周边体积不变的情况下推导的，因此在后期与其他模型耦合的时候，应与火药上部压挡液柱运动模型和地层裂缝延伸模型相衔接，使其耦合在一起综合求解。

5.2　燃爆压裂压挡液柱运动规律力学模型

5.2.1　压挡液柱运动物理模型

高能气体燃爆后，液柱运动通常在不到 1 s 的时间内完成。由于其过程复杂，为了使问题简化，采用了下列假设条件：

（1）燃爆后燃气为定比热容的完全气体，符合完全气体状态方程。

（2）燃气与液柱存在完全接触面，且液柱的压力为连续作用力。

（3）全过程考虑流体微元动能变化和管柱摩擦阻力对液柱的影响。

（4）液柱在井筒中的流动假设为等截面管流。

5.2.2　压挡液柱运动规律数学模型

在本研究中，从分析流体各个质点的运动着手，即采用跟踪流体质点的方法来研究整个流体的运动（拉格朗日法），故在一维流动中，为了区别微团，我们选取坐标 s 作为微团的标志，不同的微团具有不同的 s 值。

在此基础上分别建立液柱运动的拉格朗日型连续性方程、动量方程和能量方程来研究液柱运动规律。

（1）连续性方程。

$$\beta l \frac{\partial p(x,t)}{\partial x} \frac{\partial x(s,t)}{\partial t} = -\frac{\mathrm{d}l}{\mathrm{d}t} \tag{5-4}$$

（2）动量方程。

$$-\frac{1}{\rho}\frac{\partial p}{\partial x}-\frac{v^2\lambda}{4\rho RAg}-g=\frac{\mathrm{d}v}{\mathrm{d}t} \tag{5-5}$$

（3）能量方程。

$$-\frac{\partial p}{\partial x}-\rho g-[v(s,t)]^2\frac{\lambda}{4ARg}=\frac{1}{2}\frac{\rho}{\mathrm{d}x}\left[\left(\frac{\mathrm{d}x}{\mathrm{d}t}+\frac{\mathrm{d}^2x}{\mathrm{d}t^2}\mathrm{d}t\right)^2-\left(\frac{\mathrm{d}x}{\mathrm{d}t}\right)^2\right]+\frac{1}{2}\frac{E}{Al_0l}\frac{(\mathrm{d}l)^2}{\mathrm{d}x}$$

$$\tag{5-6}$$

式中　A——t 时刻流体截面积，m^2；

　　　l_0,l——两截面的距离，m；

　　　ρ——两截面距离为 l 时的密度，$\mathrm{kg/m^3}$；

　　　t——由 l_0 到 l 经过的时间，s；

　　　β——流体的压缩系数，MPa^{-1}；

　　　E——流体弹性模量，Pa；

　　　λ——气体导热系数，$\mathrm{W/(m^2\cdot K)}$。

（4）边界条件。

若以 $p_n(t)$ 表示第 n 个流体微元 t 时刻所受的压强，则根据压挡液柱的运动规律可得边界条件为：

$$\begin{cases}p_n(t)\big|_{n=1}=p(t)\\p_n(t)\big|_{n=M}=\rho_0gH_M+p_{\mathrm{at}}\\p_n(t)\big|_{n=N}=p_{\mathrm{at}}\end{cases}\tag{5-7}$$

利用动量守恒和能量守恒，将火药燃爆模型和压挡液柱运动模型中的压力、体积耦合起来，建立了耦合求解技术，可定量计算在没有裂缝起裂的情况下，任意火药和压挡液柱参数组合下的火药燃爆压力变化和液柱高度变化。

5.3　燃爆压裂裂缝系统动力学模型

5.3.1　燃爆压裂裂缝系统物理模型

根据油层强动载下裂缝扩展分析相关理论，对高能气体压裂的模型做如下假设：

（1）地层均质、各向同性。

（2）裂缝延伸符合弹塑性断裂力学理论。

（3）裂缝内流体沿缝长做一维稳定层流。

（4）缝宽截面为矩形，裂缝高度保持不变，只考虑裂缝在宽度和长度的延伸情况。

（5）考虑流体在裂缝壁上的渗漏。

（6）由以前章节分析，燃爆时间级别内通过热传导造成的热损失很小，可以忽略，但需考虑燃爆过程由于井筒与裂缝间的高温流体传质造成的温度变化。

根据上述假设，裂缝扩展示意图如图 5-2 所示。

图 5-2 中，$L(t)$ 为高能气体驱动的裂缝扩展总长度；$L_1(t)$ 为高能气体在裂缝中的贯入

长度;L_0为初始裂缝长度,计算中其值等于射孔长度。

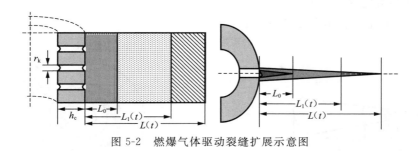

图 5-2　燃爆气体驱动裂缝扩展示意图

5.3.2　燃爆压裂裂缝系统数学模型

在本部分研究中,组建了包含孔眼泄流、裂缝内流体压力分布、裂缝延伸判据、壁面渗漏、裂缝延伸速度及宽度变化等高能气体压裂过程,裂缝延伸所涉及的关键参数的数学模型,包括液体泄流模型、火药燃气泄流模型、缝内流体流动、渗漏模型和裂缝延伸动态响应模型,其中裂缝起裂判据还考虑了裂缝尖端黏滞力的作用。

图 5-3 为裂缝受力示意图,σ_θ 为岩石抗拉强度,MPa;$\sigma_c(x)$ 为 x 处的塑性黏聚力,MPa;ω_c 为临界裂缝宽度,m。

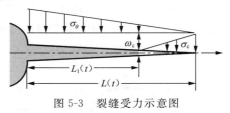

图 5-3　裂缝受力示意图

基于建立的数学模型,考虑燃爆过程中裂缝壁面的渗漏和由于流体传质造成的温度变化,利用从孔眼泄流到裂缝延伸再到裂缝壁面渗漏整个裂缝系统的质量守恒、能量守恒和裂缝内的燃气状态方程,得出了高能气体压裂耦合求解方程组,并对求解方法进行了推导研究。

该部分研究成果与前面研究的火药燃爆模型和流体运动模型进行关联分析,可最终推导得出从火药燃爆到液柱运动再到裂缝延伸的全过程动力学模型,并进行耦合求解。

5.4　燃爆压裂极限加载压力动力学模型

高能气体压裂设计中最关键的参数为合理装药量,这里的合理装药量既要能产生足够的峰值压力以顺利压开油层,又要使峰值压力低于套管极限承压。因此本部分研究首先对射孔套管井周围及射孔孔眼周围的应力分布进行模型研究,然后利用"岩石动态损伤模拟实验装置"对不同加载速率下的岩石开裂压力进行分析,回归相关计算模型,最后根据强动载下的套管受力分析和套管断裂强度特性分析,得出保证套管安全的最高峰压。由此建立确保高能气体压裂效果的合理加载极限压力的动力学模型。

5.4.1　套管射孔井井周应力分布模型

通过对射孔套管井的结构分析,考虑井筒内压的影响,计算套管井周围和射孔孔眼周围径向、周向应力的计算模型,并进行实例分析,得出相关规律。

（1）套管井系统应力分布。

套管-水泥环-地层应力分布如图5-4所示。

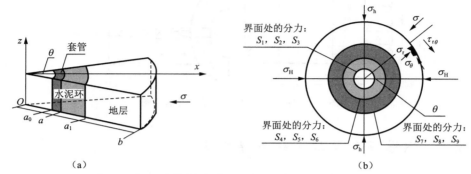

图5-4　套管-水泥环-地层应力分布示意图

（2）套管井周围应力分布规律研究（图5-5、图5-6）。

借助计算机程序语言,将上述模型及模型的解进行编程计算,根据计算结果可研究套管-水泥环-地层的应力分布规律。根据油田油井资料,取地层最大水平主应力为28.5 MPa,最小水平主应力为21.9 MPa,套管弹性模量为212 360 MPa,水泥环弹性模量为13 941 MPa,地层、水泥环、套管的泊松比分别为0.23,0.15和0.26。

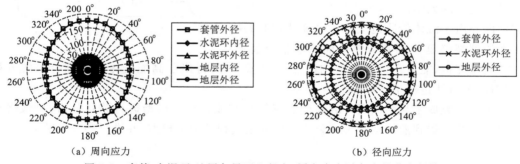

（a）周向应力　　　　　　　　　　（b）径向应力

图5-5　套管-水泥环-地层各界面上径向、周向应力随角度的分布规律

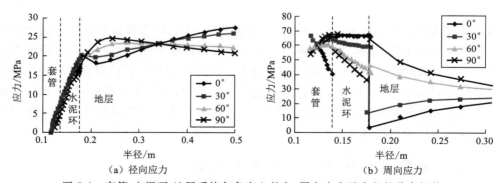

（a）径向应力　　　　　　　　　　（b）周向应力

图5-6　套管-水泥环-地层系统各角度上径向、周向应力随半径的分布规律

（3）套管井周围应力分布的影响因素研究。

利用计算程序，可系统分析套管、水泥环的物理参数对应力分布，特别是套管载荷的影响规律。图 5-7～图 5-10 分别显示了不同套管内径、套管壁厚、水泥环壁厚、水泥环弹性模量下的套管外壁径向、周向应力随角度的分布规律。

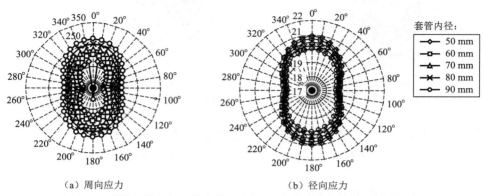

（a）周向应力　　　　　　　（b）径向应力

图 5-7　不同套管内径下的套管外壁周向、径向应力随角度的分布规律

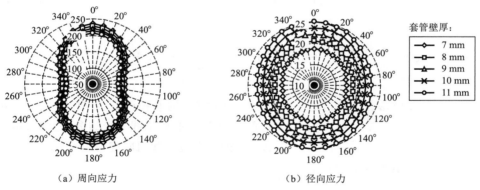

（a）周向应力　　　　　　　（b）径向应力

图 5-8　不同套管壁厚下的套管外壁周向、径向应力随角度的分布规律

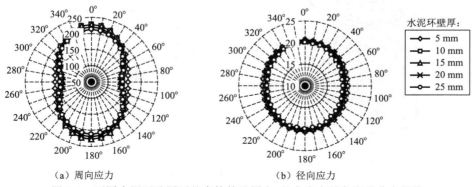

（a）周向应力　　　　　　　（b）径向应力

图 5-9　不同水泥环壁厚下的套管外壁周向、径向应力随角度的分布规律

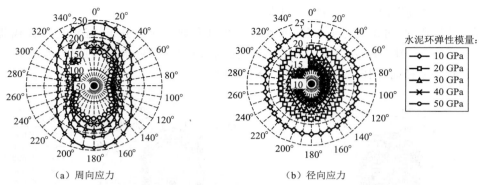

（a）周向应力　　　　　　　　　　（b）径向应力

图 5-10　不同水泥环弹性模量下的套管外壁周向、径向应力随角度的分布规律

因此在完井设计中考虑套管的承压安全,应该在条件允许的情况下尽量增大水泥环的弹性模量,适当减小套管内径尺寸,增加水泥环和套管的壁厚以减少受地应力影响而造成的套管变形和损坏。

（4）射孔孔眼周围应力分布研究（图 5-11）。

$$\sigma_{ss}(\theta,r,s,\phi) = \frac{\sigma_z + \sigma_\theta(\theta,r)}{2}\left(1 - \frac{r_h^2}{s^2}\right) + \frac{\sigma_z - \sigma_\theta(\theta,r)}{2}\left(1 + \frac{3r_h^4}{s^4} - \frac{4r_h^2}{s^2}\right) \times \cos 2\phi - \frac{r_h^2}{s^2}p_h$$

$$(5-8)$$

$$\sigma_{s\theta}(\theta,r,s,\phi) = \frac{\sigma_z + \sigma_\theta(\theta,r)}{2}\left(1 + \frac{r_h^2}{s^2}\right) - \frac{\sigma_z - \sigma_\theta(\theta,r)}{2}\left(1 + \frac{3r_h^4}{s^4}\right) \times \cos 2\phi + \frac{r_h^2}{s^2}p_h$$

$$(5-9)$$

式中　$\sigma_{ss}(\theta,r,s,\phi)$,$\sigma_{s\theta}(\theta,r,s,\phi)$——分别为相位角 θ 的射孔孔眼、距离油井中心 r 处的横截面上、距射孔孔眼周线 s 处的圆周上的、角度 ϕ 上那一点的径向应力和周向应力,MPa;

r_h——射孔孔眼半径,m。

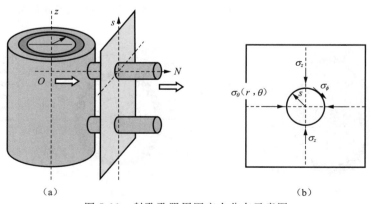

（a）　　　　　　　　　　　　　　　（b）

图 5-11　射孔孔眼周围应力分布示意图

根据计算得出的地层径向、周向应力分布情况,利用式(5-8)、式(5-9)计算得出不同相位上射孔孔眼周围的径向和周向应力情况,如图 5-12~图 5-15 所示。

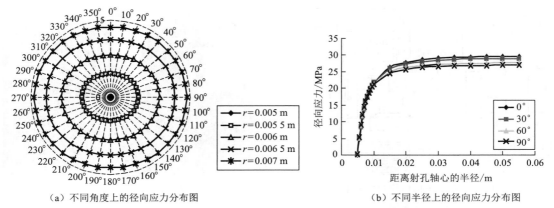

（a）不同角度上的径向应力分布图　　　　（b）不同半径上的径向应力分布图

图 5-12　不同相位射孔孔眼根部径向应力分布曲线

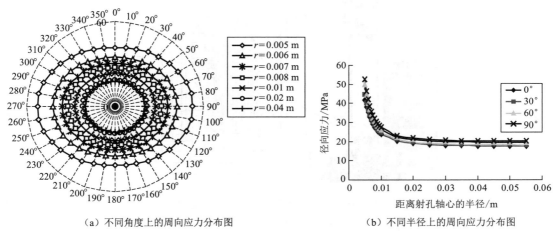

（a）不同角度上的周向应力分布图　　　　（b）不同半径上的周向应力分布图

图 5-13　不同相位射孔孔眼根部周向应力分布曲线

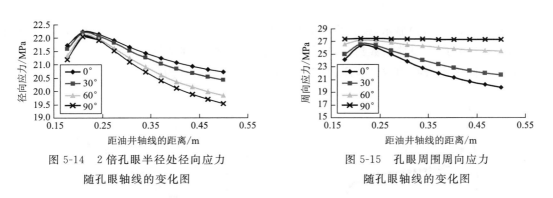

图 5-14　2 倍孔眼半径处径向应力　　　　图 5-15　孔眼周围周向应力
　　　　随孔眼轴线的变化图　　　　　　　　　　随孔眼轴线的变化图

5.4.2　高加载速率下岩石破裂压力实验

利用"岩石动态损伤模拟实验装置"（图 5-16）对三种抗拉强度模拟岩心进行五种加载速率下的岩石冲击开裂实验，回归得出动静破压差值与加载速率呈现很好的对数关系，经检验回归模型具有较高精度。岩心开裂实物如图 5-17 所示，设备主体及岩心夹持器如图 5-18 所示。

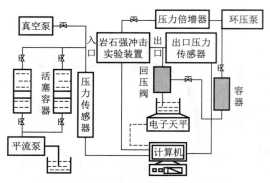

图 5-16　岩石动态损伤模拟实验装置
总流程示意图

图 5-17　岩心开裂实物图

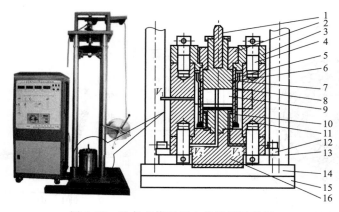

图 5-18　设备主体及岩心夹持器示意图

1—内活动柱塞；2—调节螺母；3—上法兰；4—吊紧螺钉；5—替换套；6—胶套；7—外活动柱塞；8—橡胶板；
9—岩心；10—下岩心塞；11—筒体；12—固定块；13—支承光杆；14—夹持器底座；15—稳座；16—容器底座

实验结果（图 5-17）显示，模拟岩心开裂裂缝条数一般在 2~5 条，且加载速率越高（自由落体高度越大），产生裂缝条数越多，这与大多数文献中的研究结果一致。

描述不同性质岩心动载破裂压力（图 5-19、图 5-20）的公式为：

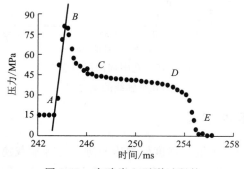

图 5-19　实验岩心开裂过程的
压力-时间曲线

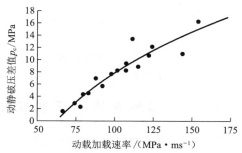

图 5-20　动、静破压差值 p_c 与动载加载速率
γ 的回归关系曲线图

$$p_{df} = p_f + 16.637 \ln \gamma - 68.755 \tag{5-10}$$

式中　p_f, p_{df}——静、动载下岩心破裂压力，MPa；

　　　γ——动载加压速率，MPa/ms。

5.4.3　套管受力分析及极限承载

在套管受力分析基础上，结合 Taylor 断裂准则，推导了考虑套管壁厚和射孔孔眼影响的套管的安全极限内压解析模型。

在高能气体压裂设计过程中，给定井身条件，可根据应力分布模型定量计算井底周围的应力分布状态，根据火药燃爆模型得出高能火药燃爆的加载条件，然后就可根据高加载速率下岩石破裂压力实验回归模型和套管极限内压计算模型，分别判断此装药条件下能否既压裂油层又保证套管安全，反过来就可确定合理的装药量范围。

5.5　燃爆压裂过程耦合求解及因素敏感性

5.5.1　燃爆压裂过程耦合求解

本节系统分析了高能气体压裂过程中各部分模型间的相互关系，利用质量守恒、能量守恒以及各模块间的压力关系，将高能气体压裂过程所涉及的火药燃爆、压挡液运动、孔眼泄流、裂缝起裂、裂缝延伸等各个模型耦合起来，形成一套可定量描述高能气体压裂全过程的系统理论，并进行了软件编制，据此可定量化地设计既可压开油层又可保障安全的合理装药量范围，也可对特定参数组合的高能气体压裂燃爆压力、压裂裂缝进行定量动态预测。

利用该软件可根据措施井的井身条件计算合理的装药量范围，并定量计算该范围内不同装药量下的裂缝形态，以帮助施工人员进行参数优选；该软件还可分析对比不同液柱高度、射孔参数、火药参数、装药位置对极限装药质量和压裂效果的影响敏感性。软件主界面如图 5-21 所示。

图 5-21　高能气体压裂工艺技术优化设计软件计算模块组成及程序主界面图

5.5.2 高能气体压裂关键子系统规律分析

在完成高能气体压裂各相关模块耦合求解的基础上,分析火药燃爆压力、压挡液柱运动高度、裂缝动态延伸长度在高能气体压裂过程中的变化规律,进一步认识各模块在高能气体压裂中的变化规律和各模块间的相互作用关系。

(1)火药燃爆压力变化规律研究。

① 高能气体压裂耦合过程中火药燃爆压力变化规律分析。

基于基础研究参数,将 50 kg 火药分别在密闭空间和高能气体压裂耦合环境下进行燃爆过程的计算,得到燃爆压力曲线,如图 5-22 所示。

② 装药质量对火药燃爆压力的影响,如图 5-23 所示。

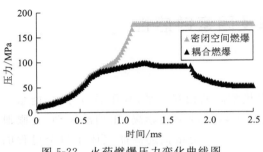

图 5-22　火药燃爆压力变化曲线图

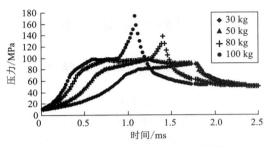

图 5-23　不同装药质量下火药燃爆
压力变化曲线图

③ 装药结构对火药燃爆压力的影响。

火药弹内径为 30 mm,计算外径分别为 40,50,60,70 mm 时的实际燃爆压力曲线,如图 5-24 所示。

④ 压挡液柱高度对火药燃爆压力的影响,如图 5-25 所示。

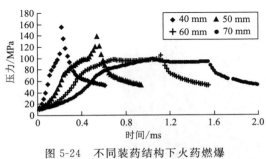

图 5-24　不同装药结构下火药燃爆
压力变化曲线图

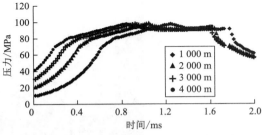

图 5-25　不同压挡液柱高度下火药燃爆
压力变化曲线图

⑤ 射孔孔密对火药燃爆压力的影响,如图 5-26 所示。

⑥ 射孔孔径对火药燃爆压力的影响,如图 5-27 所示。

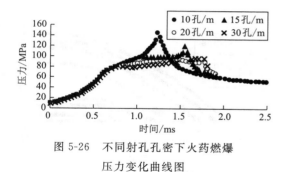

图 5-26　不同射孔孔密下火药燃爆
压力变化曲线图

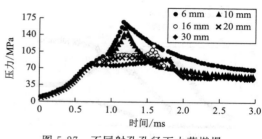

图 5-27　不同射孔孔径下火药燃爆
压力变化曲线图

（2）压挡液柱运动规律研究（图 5-28～图 5-30）。

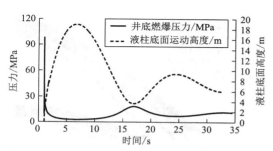

图 5-28　液柱运动和燃爆压力的对应关系曲线

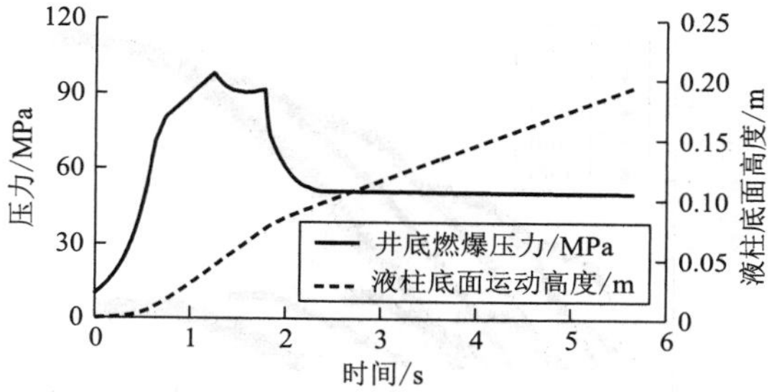

图 5-29　裂缝延伸阶段的液柱运动高度和
燃爆压力的对应关系曲线

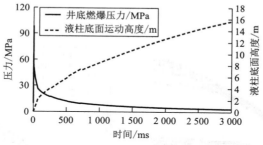

图 5-30　应力波传到液面前后的液柱运动曲线

（3）裂缝动态延伸规律研究。

① 高能气体压裂裂缝动态延伸规律分析，如图 5-31 所示。

② 装药质量对裂缝动态延伸的影响，如图 5-32 所示。

③ 装药结构对裂缝动态延伸的影响，如图 5-33 所示。

④ 压挡液高度对裂缝动态延伸的影响，如图 5-34 所示。

⑤ 射孔孔密对裂缝动态延伸的影响，如图 5-35 所示。

⑥ 射孔孔径对裂缝动态延伸的影响，如图 5-36 所示。

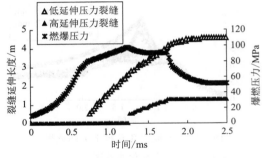

图 5-31　裂缝系统动态延伸规律曲线

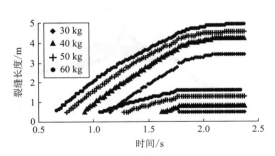

图 5-32　不同装药质量下裂缝
动态延伸规律曲线

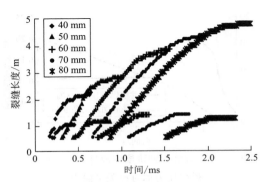

图 5-33　不同装药结构下裂缝动态延伸规律曲线

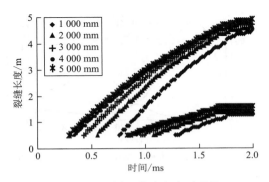

图 5-34　不同压挡液高度下裂缝
动态延伸规律曲线

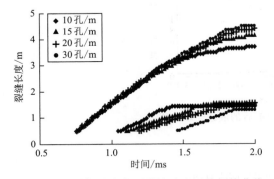

图 5-35　不同射孔孔密下裂缝动态延伸规律曲线

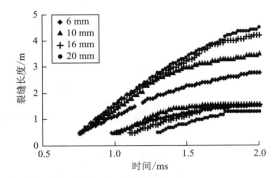

图 5-36　不同射孔孔径下裂缝动态延伸规律曲线

5.5.3　各因素对极限装药量和压裂效果的影响敏感性

基于建立的理论模型和计算软件,分析了高能气体压裂中的装药系统的结构、装药质量、压挡液高度、射孔孔密、射孔孔径 5 个关键参数对压裂效果的影响敏感性,并得出了相关结论,见表 5-1。

表 5-1　各因素对高能气体压裂效果的影响规律

因　素	峰值压力	升压速率	最小极限装药质量	最大极限装药质量	压裂效果	推荐范围
装药壁厚增加	减小	减小	减小	增大	变好	尽量加大
装药质量增加	增大	增大			变好	尽量加大
压挡液柱加高	增大	增大	减小	减小	变好	1 000～1 500 m
射孔孔密加大	减小	减小			变好	18 孔/m
射孔孔径加大	减小	减小			变好	20 mm

5.6　燃爆诱导压裂工艺方案优化设计

利用自主研发的高能气体压裂优化设计软件可对燃爆压裂井进行施工工艺参数设计，并定量预测压裂结果。

现以 HA197-53 井为例利用该软件进行过程设计。HA197-53 井试油层位为长 8。

5.6.1　基础参数

HA197-53 井基本数据见表 5-2～表 5-4。

表 5-2　钻井基本数据表

井　号	HA197-53	地理位置		甘肃庆阳		
补心海拔/m	1 351.17	开钻日期	2011-03-31		完钻日期	2011-04-12
完井日期	2011-04-13	完钻层位	长 8		完钻井深/m	2 482.00
套补距/m	5.30	水泥塞面/m	2 457.70		井底位移/m	364.89
造斜点/m		最大井斜/(°)	16.40		中靶半径/m	7.81
完井试压/MPa		地层压力预测/MPa	18.80		有毒有害气体预测	
套　管	规　格	外径/mm	壁厚/mm	钢　级	下入深度/m	水泥返深/m
表层套管	9⅝ in	244.50	8.94	J55	108.61	
油层套管	5½ in	139.7	7.72	J55	2 481.94	地面
气油比/(m³·t⁻¹)	106.0	短套管位置/m		2 381.07+2.00		
油层附近接箍位置/m	2 383.07,2 393.75,2 404.30,2 415.20,2 426.13,2 437.27,2 448.43					
分级箍位置/m						
固井质量描述	油层段固井质量合格					
钻井异常	未提供					
井控风险级别	二级					

表 5-3 油层解释数据表

层 位	井段/m	厚度/m	电测资料						解释结果
			电阻/($\Omega \cdot$ m)	声波时差/(μs $\cdot$ m^{-1})	含油饱和度/%	泥质含量/%	孔隙度/%	渗透率/mD	
长 8	2 424.1~2 427.2	3.1	77.68	218.59	17.43	9.67	0.65	50.99	差油层
	2 427.9~2 432.8	4.9	94.62	226.90	17.17	11.88	1.61	62.30	油层
	2 433.6~2 439.0	5.4	107.60	226.59	21.91	11.76	1.74	63.60	油层
	2 439.7~2 447.8	8.1	164.06	217.13	16.82	9.38	0.67	61.53	油层

表 5-4 射孔参数表

层 位	油层井段/m	厚度/m	射孔井段/m	厚度/m	射孔枪型	弹 型	孔密/(孔·m^{-1})	孔数/个
长 8	2 424.1~2 427.2 2 427.9~2 432.8	3.1 4.9	2 425.0~2 432.0	7.0	213-102	127	16	112
	2 433.6~2 439.0	5.4	2 434.0~2 438.0	4.0	213-102	127	16	64
	2 439.7~2 447.8	8.1	2 443.0~2 446.0	3.0	213-102	127	16	48

5.6.2 工艺参数设计

本次燃爆段为 2 425.0~2 446.0 m，起爆器位置为 2 423 m±0.5 m。经软件计算得合理装药量范围为 14~46 kg，综合考虑措施效果和油井安全，选定装药质量为 25 kg。据各参数影响规律分析成果，施工前对目的层段进行补孔作业，使孔密达到 24 孔/m；注压挡液至井口返液；压裂弹采用外径为 75 mm 的耐高温柱状药。在此参数组合下进行高能气体压裂过程计算，预测高能气体压裂的燃爆压力变化曲线和裂缝延伸随时间变化曲线如图 5-37 所示，措施后预测最终裂缝形态示意图如图 5-38 所示。

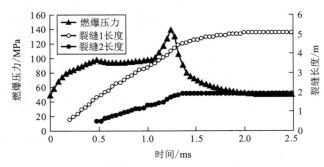

图 5-37 燃爆压力和裂缝延伸动态预测曲线

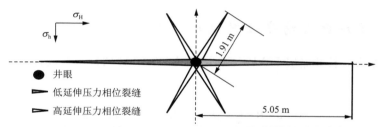

图 5-38　最终压裂裂缝形态预测示意图

由图 5-37 得出,在火药开始燃爆后系统压力上升,周向应力较低的裂缝开始起裂延伸;随着火药加载压力继续增大,高周向应力裂缝开始起裂延伸,但延伸速度明显低于前者;当火药燃爆完全后,系统压力下降,高、低周向应力的裂缝先后停止延伸,本次高能气体压裂过程结束。

5.6.3　施工注意事项

(1) 下井管柱不能有弯曲、裂痕、腐蚀、孔洞等损伤,油管内外无油污、结蜡和泥沙。

(2) 管柱下井前必须用外径 118 mm 的标准通井管规逐根通过,通不过者严禁下井。

(3) 管柱下井前逐根丈量准确,考虑油管伸长及丝扣余留等,尺寸校核无误,并有记录,误差不得超过 0.5～1.0 m。

(4) 管柱下井时要求操作平稳,严禁墩井口、猛提、猛放、猛刹车。

(5) 要求匀速下管,速度不超过 40 根/h;如有造斜点,造斜点以下下管速度不超过 30 根/h,以避免因药柱与套管激烈摩擦引起药柱自燃。

(6) 严禁油管内及环空内掉落任何物体,丝扣上紧上满,丝扣油一律涂公扣,防止丝扣油在油管内堆积。

(7) 上扣、卸扣必须打背钳,严禁井内管柱旋转造成脱扣事故。

(8) 下弹准确到位无误,由专人投棒,其余人员离井口 30 m 以外。

(9) 作业队配合专门技术人员组装燃爆压裂弹,无关人员不得靠近。

(10) 引爆由专人统一指挥,现场所有操作人员按指令工作。

(11) 施工现场应严格执行《压裂酸化作业安全规定》(SY 6443—2000)。

(12) 井场配备有害气体的监测仪器,做好 CO 和 H_2S 等有害气体的防毒工作,具备现场抢救的简单设施。

(13) 施工队必须有中毒人员的抢救预案,操作人员必须懂得中毒人员及时抢救的相关知识,并会现场抢救,井场必须备有完好的运送伤员的交通车辆。

(14) 在进行燃爆压裂施工后,进行井口作业时,先在井口和放喷口安装监测仪器,当有害气体超过安全标准时,在放喷口堆火点燃,等到检测值在安全范围内后,再进行井口操作。

(15) 施工现场应严格遵守《中华人民共和国环境保护法》。现场施工废液、废弃物应集中封闭处理,不得随意外排和堆放,以保护周边环境。

5.6.4 区块燃爆诱导压裂设计结果

利用上述方法对长 8 储层 HA197-53 井、HA205-57 井两口水井进行了燃爆压裂优化设计，其结果见表 5-5。

表 5-5　HA 长 8 储层燃爆压裂优化设计结果

井　号	层位	井深/m	燃爆位置/m	最小装药质量/kg	最大装药质量/kg	设计装药质量/kg	射孔相位/(°)	孔密/(孔·m⁻¹)	压挡液柱高度/m	模拟裂缝长度/m
HA197-53 井	长 8	2 482	2 425～2 446	14	46	25	60	24	井口	1.91～5.5
HA205-57 井	长 8	2 689	2 609～2 644	15	45	25	60	24	井口	1.9～5.4

5.7　前置酸压裂工艺设计

5.7.1　前置酸压裂裂缝参数优化

建立能够代表 HA 长 8 储层典型特征的低渗压裂数值模拟模型，模拟了压裂裂缝长度、导流能力对开发效果的影响，通过敏感性分析，最终确定了在现有井网下该区最佳压裂裂缝长度及导流能力。

1）模型建立

所建模型参数均采用 HA 长 8 小层平均值，基本井网类型如图 5-39 所示，所建压裂裂缝模型如图 5-40 所示。

2）水力压裂裂缝长度优化

压裂裂缝半缝长优化范围取井距的 0.1，0.2，0.3，0.4 倍左右，即 50，100，150，200 m，定裂缝导流能力为 15 $\mu m^2 \cdot cm$，模拟对比不同裂缝长度下的 10 年采出程度、无水期采收率、见水时间和最终采收率，最终确定最佳的裂缝长度。

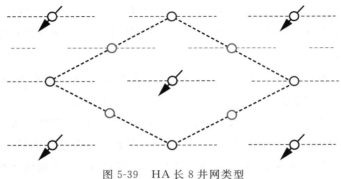

图 5-39　HA 长 8 井网类型

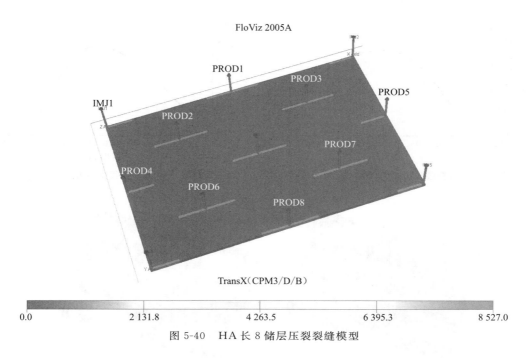

图 5-40　HA 长 8 储层压裂裂缝模型

储层压裂裂缝长度优化结果如图 5-41～图 5-46、表 5-6 所示。

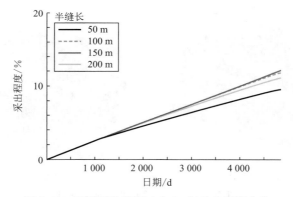

图 5-41　不同裂缝长度对应 10 年采出程度变化

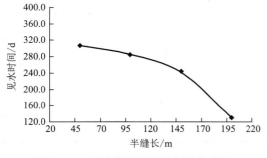

图 5-42　不同裂缝长度对应见水时间

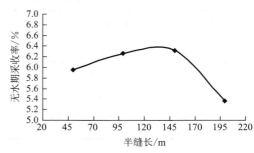

图 5-43　不同裂缝长度对应无水期采收率

复杂块状特低渗油藏储层改造与注采工程关键技术

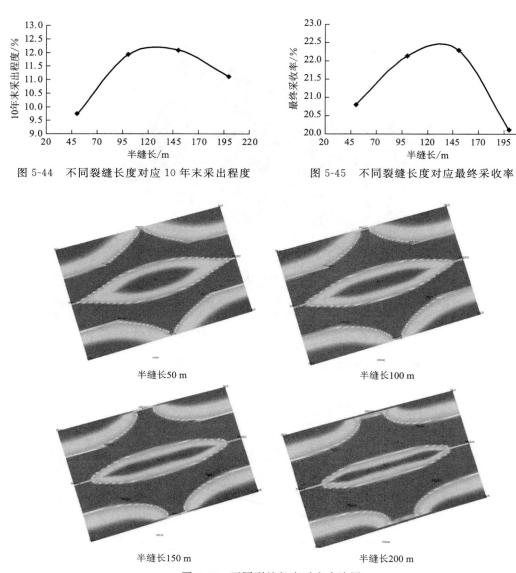

图 5-44 不同裂缝长度对应 10 年末采出程度

图 5-45 不同裂缝长度对应最终采收率

半缝长50 m

半缝长100 m

半缝长150 m

半缝长200 m

图 5-46 不同裂缝长度对应水淹图

表 5-6 不同裂缝长度对应开发效果

半缝长/m	10 年末采出程度/%	无水期采收率/%	见水时间/d	最终采收率/%
50	9.7	6.0	307	20.8
100	11.9	6.3	285	22.1
150	12.1	6.3	242	22.3
200	11.1	5.4	130	20.1

由模拟结果可以看出:随着缝长增大,油井见水时间缩短,且在半缝长 120～130 m 处

出现明显的拐点,大于 120~130 m 后见水时间迅速减小;无水期采收率、10 年末采出程度、最终采收率随缝长增大,先增大后减小,峰值出现在 120~130 m;从剩余油分布来看,缝长越大,沿地应力方向的水窜速度越快,对提高采收率越不利,但垂直地应力方向水驱波及越均匀,对提高采收率越有利,两个原因同时作用时,在半缝长为 120~130 m 处达到最优值。

5.7.2　前置酸压裂施工设计

本节借助 FracproPT 水力压裂软件,开展 HA 长 8 储层单井水力压裂施工设计,为提高岩石力学性能参数(杨氏模量、泊松比)、储层物性参数(孔隙度、渗透率)等精度,首先使用该区块前期水力压裂施工数据做净压力拟合。

模拟过程中使用的支撑剂为 CarboLite 20/40 目陶粒,压裂液为 BJ 的 Viking C、斯伦贝谢的 YF800HT。

1) 净压力拟合

选取 HA498-50 做压力拟合,该井于 2011 年 3 月压裂试油,压后试油日产油 31.2 m³,试油效果较好。

将现场压裂施工数据报表数值化,通过 FracproPT 中相关组件转化成软件能够识别的 PT 数据库文件,形成数据曲线如图 5-47 所示。

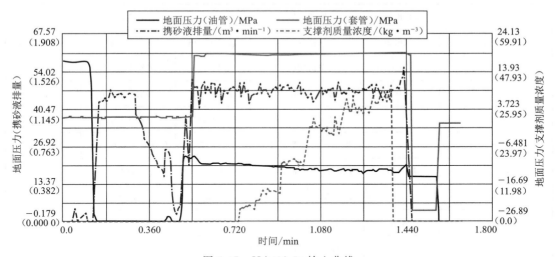

图 5-47　HA498-50 输入曲线

通过调整储层力学性能参数、物性参数,得到的拟合曲线如图 5-48 所示。

压力拟合结果能够满足预测的精度要求,可以用该模型做单井压裂施工设计。

2) 单井施工设计

以 L178-48 井为例做单井施工设计,L178-48 井基础数据见表 5-7。

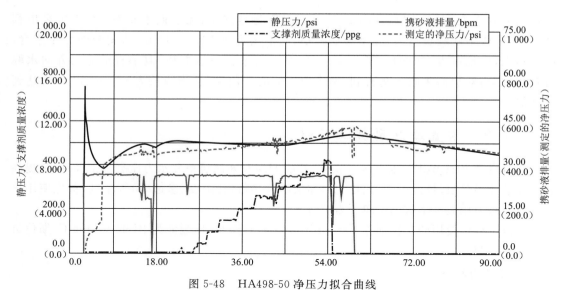

图 5-48　HA498-50 净压力拟合曲线

(1 psi＝6 895 Pa,1 bpm＝0.159 m³/min,1 ppg＝119.83 kg/cm³)

（1）基础数据。

表 5-7　钻井基本数据表

井　号	L178-48	地理位置		甘肃庆阳	
补心海拔/m	1 416.26	开钻日期	2011-03-23	完钻日期	2011-04-06
完井日期	2011-04-08	完钻层位	长 8	完钻井深/m	2 458.00
套补距/m	5.00	水泥塞面/m	2 437.00	井底位移/m	472.27
造斜点/m		最大井斜/(°)	230.47	中靶半径/m	11.62
完井试压/MPa		地层压力预测/MPa	19.97	有毒有害气体预测	
套　管	规　格	外径/mm	壁厚/mm	钢　级	下入深度/m	水泥返深/m
表层套管	9⅝ in	244.50	8.94	J55	230.47	
油层套管	5½ in	139.7	7.72	J55	2 458.53	669.00
气油比/(m³·t⁻¹)	106.4	短套管位置/m		未提供	
油层附近接箍位置/m					
分级箍位置/m					
固井质量描述		油层段固井质量合格			

油层解释数据见表 5-8。

表 5-8　油层解释数据表

层位	井段/m	厚度/m	电测资料						解释结果
			电阻/$(\Omega \cdot m)$	时差/$(\mu s \cdot m^{-1})$	泥质含量/%	孔隙度/%	渗透率/$(10^{-3} \mu m^2)$	含油饱和度/%	
长 8	2 382.8～2 388.1	5.3	75.64	215.39	18.88	9.46	1.02	43.52	干层
	2 389.6～2 394.0	4.4	380.19	217.20	14.58	9.73	4.64	70.98	油层
	2 394.0～2 395.1	1.1	1 126.5	197.14	8.40	6.03	2.40	71.13	干层
	2 412.1～2 413.5	1.4	75.07	209.03	19.27	8.36	0.51	36.77	干层
	2 413.5～2 418.9	5.4	66.94	215.83	22.03	9.49	0.78	39.82	差油层
	2 419.8～2 422.1	2.3	123.65	212.98	17.17	8.88	0.91	52.28	油层
	2 422.1～2 422.9	0.8	275.33	197.75	12.25	6.38	0.42	55.11	干层

射孔数据见表 5-9。

表 5-9　射孔数据表

层位	油层井段/m	厚度/m	射孔井段/m	厚度/m	射孔枪型	弹型	孔密/(孔·m⁻¹)	孔数/个
长 8	2 389.6～2 394.0	4.4	2 390.0～2 394.0	4.0	TY-102	127	16	64
	2 413.5～2 418.9	5.4	2 414.0～2 418.0	4.0	TY-102	127	16	64

（2）压裂设计模拟及结果。

支撑剂使用 CarboLite 20/40 目陶粒，压裂液使用斯伦贝谢 YF840HT，设计最佳导流能力 0.3，缝长控制在 140 m 左右。

使用 FracproPT 模拟计算了所选参数下的裂缝几何形态，结果见表 5-10。

表 5-10　L178-48 井压力模拟计算输入参数

名　称	选　值	名　称	选　值
杨氏模量/MPa	38 000	泵注排量/$(m^3 \cdot min^{-1})$	1.0～2.0
泊松比	0.21	压裂液流态指数	0.52
抗拉强度/MPa	8.72	压裂液稠度系数/$(Pa \cdot s^n)$	1.47

分段压裂结果如图 5-49、图 5-50 所示。

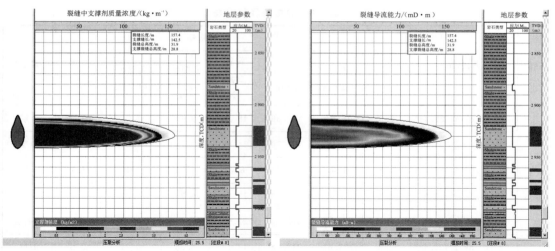

图 5-49　L178-48 井 2 389.6～2 394.0 段压裂裂缝导流能力与支撑剂质量浓度模拟图

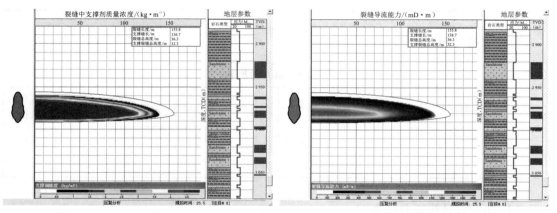

图 5-50　L178-48 井 2 413.5～2 418.9 段压裂裂缝导流能力与支撑剂质量浓度模拟图

笼统压裂结果如图 5-51 所示。

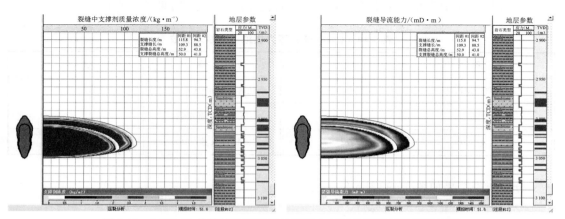

图 5-51　L178-48 井笼统压裂裂缝导流能力与支撑剂质量浓度模拟图

形成的泵注程序见表 5-11。

表 5-11　泵注程序

序号	泵注阶段类型	净液体积/m³	累计压裂液/m³	支撑剂质量浓度/(kg·m⁻³)	支撑剂质量/t	排量/(m³·min⁻¹)	支撑剂
	低替座封	6	6				
1	前置液	56.0	62	0	0	2	
2	携砂液	11.0	73	45	0.5	2	CarboLite 20/40
3	携砂液	10.0	83	90	0.9	2	CarboLite 20/40
4	携砂液	11.0	94	164	1.8	2	CarboLite 20/40
5	携砂液	11.0	105	245	2.7	2	CarboLite 20/40
6	携砂液	12.0	117	317	3.8	2	CarboLite 20/40
7	携砂液	13.0	130	377	4.9	2	CarboLite 20/40
8	携砂液	11.0	141	564	6.2	2	CarboLite 20/40
9	携砂液	11.0	152	655	7.2	2	CarboLite 20/40
10	携砂液	13.0	165	646	8.4	2	CarboLite 20/40
11	携砂液	12.0	177	800	9.6	2	CarboLite 20/40
12	携砂液	10.0	187	860	8.6	2	CarboLite 20/40
13	顶替液	8.0	195	0	0	2	

第6章　复杂块状特低渗油藏
储层复合改造高效酸压裂液体系

好的压裂液应该具有滤失少、悬砂能力强、易返排等特点,但是水基压裂液会引起水敏地层的伤害,压裂液残渣也会对支撑裂缝和地层造成伤害,尤其是在低渗油气藏压裂改造中,由于压裂液本身引入的二次伤害往往是影响压后效果的主要因素。减少压裂液对储层的基质渗透率和支撑裂缝的伤害是提高低渗油藏压裂增产效果的重要前提。

本章在 HA 长 8 储层所用酸液及压裂液评价的基础上,为提高酸液效果及减少压裂液引起的地层伤害,以 HA 长 8 储层所用前置酸[64-89]压裂液配方为基础,提出了一种新的缓速酸体系,同时针对在用压裂液体系[90-128],考察了增效剂(BM-B10)、纤维以及类泡沫压裂液与该压裂液体系的适应情况,通过室内实验为改善该体系性能、降低成本以及提高措施效果提供依据。

6.1　复杂块状特低渗油藏现场酸液体系及压裂效果

6.1.1　溶蚀性能评价

通过储层岩样溶蚀实验,考察现场酸液体系对实际油田岩样的溶蚀率,确定酸液体系与岩石间的反应速度,为确定前置酸压裂过程中合理的关井时间提供依据。

1)实验方法

将岩心用岩心粉碎机粉碎,过 100 目筛,在 105 ℃下烘干,在干燥器中冷却,按岩心/酸液重容比 1 g∶20 mL 称取一定量的岩心样品。将酸液和岩心置于密闭容器中,放在 70 ℃水浴锅中进行恒温加热,分别反应一段时间(10,20,40,60,80,100,120,140,160 min)后,取出样品,过滤烘干,然后称取岩粉的质量,计算出不同反应时间后的岩心溶蚀率。

2)实验结果

由图 6-1 现场前置酸溶蚀率实验结果可知,酸岩反应时间达到 140 min 后溶蚀率不再增加,从而确定酸岩反应时间约为 140 min,在前置酸压裂过程中合理关井时间的确定可参考该值。

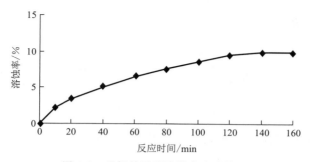

图 6-1　现场前置酸溶蚀率实验结果

6.1.2　前置酸压裂效果评价

HA 长 8 储层大部分生产井采用压裂投产,效果好坏不一,为更好地指导压裂改造措施设计,提高压裂投产井的产能,有必要对已进行的压裂改造措施进行分析,以便在采取措施前进行合理的决策,也就是建立一套评价预测模型进行辅助决策。

目前,对于这种影响因素较多的评价预测方法有灰色关联分析法、模糊综合评价法、等级权衡法等。根据 HA 长 8 储层现场资料情况和理论研究,采用灰色关联分析法分析油层有效厚度、泥质含量、含油饱和度、孔隙度、渗透率、砂量强度、排量强度、砂比对压裂效果的影响程度大小;并利用模糊综合评价方法对长 8 储层进行压裂效果的综合评判,并利用评判软件,为后期压裂措施优化设计提供一定指导。

6.1.3　模糊综合评价方法概述

综合评价是指综合考虑受多种因素影响的事物或系统,对其进行总的评价,当评价因素具有模糊性时,这样的评价被称为模糊综合评价,又称模糊综合评判。本章重点介绍了综合评价的基本概念、基本方法,单因素模糊评价,多因素模糊综合评价的方法及其数学模型,多级模糊综合评价等问题。

首先建立影响评价对象的 n 个因素组成的集合(称为因素集):

$$U = \{u_1, u_2, \cdots, u_n\}$$

然后,建立由 m 个评价结果组成的评价集:

$$V = \{v_1, v_2, \cdots, v_m\}$$

再对各因素分配的权值建立权重集,即表示为权向量:

$$\widetilde{\boldsymbol{A}} = (a_1, a_2, \cdots, a_n)$$

式中　a_i——对第 i 个因素的加权值,一般规定:

$$\sum_{i=1}^{n} a_i = 1$$

对第 i 个因素的单因素模糊评价为 V 上的模糊子集:

$$\widetilde{\boldsymbol{R}} = (r_{i1}, r_{i2}, \cdots, r_{in})$$

于是单因素评价矩阵 $\widetilde{\boldsymbol{R}}$ 为：

$$\widetilde{\boldsymbol{R}} = \begin{bmatrix} r_{11} & r_{12} & r_{13} & \cdots & r_{1m} \\ r_{21} & r_{22} & r_{23} & \cdots & r_{2m} \\ \vdots & \vdots & \vdots & & \vdots \\ r_{n1} & r_{n2} & r_{n3} & \cdots & r_{nm} \end{bmatrix}$$

则对该评价对象的模糊综合评价 $\widetilde{\boldsymbol{B}}$ 是 V 上的模糊子集：

$$\widetilde{\boldsymbol{B}} = \widetilde{\boldsymbol{A}} \cdot \widetilde{\boldsymbol{R}}$$

根据权重集 $\widetilde{\boldsymbol{A}}$ 与单因素模糊评价矩阵 $\widetilde{\boldsymbol{R}}$ 合成，进行模糊综合评价求取评价模糊子集 $\widetilde{\boldsymbol{B}}$。

根据 $\widetilde{\boldsymbol{B}} = \widetilde{\boldsymbol{A}} \cdot \widetilde{\boldsymbol{R}}$，有：

$$\widetilde{\boldsymbol{B}} = (a_1, a_2, \cdots, a_n) \begin{bmatrix} r_{11} & r_{12} & r_{13} & \cdots & r_{1m} \\ r_{21} & r_{22} & r_{23} & \cdots & r_{2m} \\ \vdots & \vdots & \vdots & & \vdots \\ r_{n1} & r_{n2} & r_{n3} & \cdots & r_{nm} \end{bmatrix} = (b_1, b_2, \cdots, b_n)$$

$\widetilde{\boldsymbol{B}}$ 中第 j 个元素 b_j 可由下式计算：

$$b_j = \bigvee_{i-1}^{n} (a_i \wedge r_{ij}) \quad (j = 1, 2, \cdots, m)$$

这种求 $\widetilde{\boldsymbol{B}}$ 的方法主要通过取小及取大两种运算，因此称该种模型为 $M(\wedge, \vee)$ 模型。当因素比较多时，这种方法对每一因素的加权值必然很小，会导致评价结果不理想。因此对权系数 a_i 加以修正，即

$$a_i' = na_i \Big/ \Big(m \sum_{i=1}^{n} a_i\Big) \quad (i = 1, 2, \cdots, n)$$

再将权系数归一化变为：

$$a_i' = \Big(\frac{n}{m}\Big) a_i \quad (i = 1, 2, \cdots, n)$$

式中　a_i'——修正权系数；

　　　n——评价因素的个数；

　　　m——评价集元素的数目。

6.1.4　利用模糊评价对压裂效果进行评价

要分析各种参数组合下的压裂效果，首先要研究各个参数对压裂效果的影响关联程度。表 6-1 中列出了统计的 HA 长 8 储层压裂井地质与施工参数，由于其各自的参数对压裂效果影响程度大小也不尽相同，因此有必要针对储层分别进行参数对应压裂效果的灰色关联分析。

表 6-1　长 8 储层压裂措施情况统计表

井　号	砂量强度 /(m³·m⁻¹)	前置酸强度 /(m³·m⁻¹)	排量强度 /(m³·min⁻¹·m⁻¹)	砂比 /%	孔隙度 /%	渗透率 /(10⁻³μm²)	含油饱和度/%	日产油强度 /(m³·m⁻¹)
HA507-48A	30.88	4.71	0.53	35.2	8.18	0.17	55.65	0.00
HA497-46	2.23	0.45	0.05	35.3	10.33	0.86	58.86	0.35
L174-48	12.12	3.03	0.27	25.5	10.36	0.40	53.60	1.64
HA503-54A	6.03	1.53	0.14	35.7	9.72	1.03	60.83	0.71
HA502-48	5.81	1.55	0.14	35.7	9.05	58.05	58.05	0.88
HA520-72	3.68	0.98	0.09	35.9	9.56	0.27	54.26	1.03
HA519-70	6.58	1.75	0.16	35.1	9.98	0.35	50.73	1.84
L178-48	17.44	4.65	0.42	35.3	10.90	17.40	78.50	1.60
HA522-75	3.47	0.98	0.09	35.4	10.11	1.30	57.83	2.93
HA499-48	2.83	0.81	0.07	35.0	12.76	1.00	51.60	0.38
HA499-48	2.83	0.81	0.07	35.1	12.76	1	51.6	0.38
HA504-63	3.85	1.10	0.10	35.5	11.58	0.71	52.58	0.71
HA521-72	5.93	1.69	0.15	35.7	10.23	1.13	51.55	2.08
HA518-72	3.83	1.09	0.10	21.0	8.97	0.57	49.70	1.43
HA506-62	4.52	1.29	0.12	35.0	8.33	0.46	59.37	1.30
HA510-69	3.30	0.94	0.08	35.2	10.93	1.11	54.37	0.44
HA194-53	3.32	0.95	0.09	35.0	12.04	1.33	52.28	0.70
HA507-53	3.22	0.99	0.09	35.8	8.12	0.84	56.91	0.61
HA507-53	3.22	0.99	0.09	35.4	8.12	0.84	56.91	0.61
HA514-70	2.55	0.78	0.07	35.8	11.89	1.36	90.31	0.35
HA516-71	2.14	0.66	0.06	35.7	11.48	1.53	56.85	0.64
HA518-68	4.81	1.48	0.13	34.6	10.65	1.37	53.61	1.58
HA520-69	3.55	1.09	0.10	35.7	10.14	0.42	51.40	0.67
HA518-70	5.86	1.80	0.16	35.8	11.06	0.97	55.81	1.81
HA520-70	4.19	1.29	0.12	35.3	9.25	0.63	54.67	1.10
HA520-67	3.49	1.08	0.10	35.5	10.16	1.11	50.06	0.53
HA507-54	7.89	2.63	0.24	35.7	7.32	0.41	48.59	2.05
HA501-46	5.08	1.69	0.15	33.3	10.40	0.88	61.74	2.34
HA487-43	7.69	2.56	0.23	35.3	8.51	0.50	53.19	0.00
HA506-52	3.87	1.29	0.12	35.7	8.33	0.46	59.37	0.87
HA505-52	4.38	1.46	0.13	35.2	9.13	0.81	57.48	1.34
HA503-51	4.58	1.53	0.14	35.5	9.72	1.03	60.83	0.98

井 号	砂量强度 /(m³·m⁻¹)	前置酸强度 /(m³·m⁻¹)	排量强度 /(m³·min⁻¹·m⁻¹)	砂比 /%	孔隙度 /%	渗透率 /(10⁻³μm²)	含油饱和度/%	日产油强度 /(m³·m⁻¹)
HA491-49A	3.47	1.16	0.10	35.7	9.47	0.93	62.97	0.50
HA510-66	4.08	1.36	0.12	35.3	11.53	4.36	53.64	1.35
HA516-72	3.13	1.04	0.09	35.5	11.34	1.10	52.06	0.31
HA510-65	8.82	2.94	0.26	28.9	12.11	1.31	52.43	1.99
HA521-70	3.47	1.16	0.10	35.5	10.28	2.04	44.72	0.47
HA519-68	3.64	1.21	0.11	35.7	10.94	0.99	57.79	2.05
HA522-71	5.08	1.69	0.15	35.5	8.51	0.48	57.30	1.02
HA520-71	3.87	1.29	0.12	35.6	9.85	0.78	52.70	1.08
HA518-66	4.00	1.33	0.12	35.7	9.35	0.66	50.27	0.60
AL180-47	5.45	1.82	0.16	35.5	10.41	1.05	54.08	0.76
HA207-60	12.50	4.17	0.38	35.1	10.30	3.00	49.90	2.56
L169-03A	7.23	2.41	0.22	35.5	11.06	1.09	54.02	0.00
HA499-47	2.94	1.07	0.10	35.5	9.70	0.71	60.95	1.01
HA505-53	4.37	1.59	0.14	35.6	11.69	13.33	65.49	1.36
HA497-48	3.69	1.34	0.12	35.7	9.87	0.98	52.61	0.97
HA194-51	6.32	2.30	0.21	35.3	13.60	5.60	66.30	1.90
HA197-54	8.21	2.99	0.27	35.3	10.69	0.95	53.51	1.39
HA196-54	3.82	1.39	0.13	35.7	8.50	0.48	52.78	0.73
AL275-21	3.55	1.29	0.12	35.1	8.27	0.44	76.34	1.06
HA503-50	2.72	1.09	0.10	35.4	11.48	1.13	56.96	0.41
HA498-46	3.62	1.45	0.13	35.3	10.54	0.89	58.70	1.00
HA500-46	5.10	2.04	0.18	35.3	11.56	1.29	70.36	3.12
HA503-50	2.72	1.09	0.10	35.6	11.48	1.13	56.96	0.41
HA517-72	2.59	1.04	0.09	35.2	10.66	1.85	61.17	1.01
HA520-68	4.17	1.67	0.15	35.7	8.71	1.16	53.99	1.53
HA200-54	4.90	1.96	0.18	35.7	10.61	0.96	78.49	2.38
HA501-48	2.76	1.23	0.11	35.5	11.13	0.55	59.47	0.31
HA501-47	3.88	1.72	0.16	35.4	26.10	8.75	0.53	1.68
HA507-52	3.21	1.43	0.13	35.0	8.30	0.47	53.24	1.16
HA506-54	2.96	1.32	0.12	35.6	9.33	1.53	54.36	0.65
HA498-48	2.90	1.29	0.12	35.7	10.22	0.68	61.89	0.99
HA496-48	5.36	2.38	0.21	35.5	8.74	0.56	59.29	1.82

续表

井　号	砂量强度 /(m³·m⁻¹)	前置酸强度 /(m³·m⁻¹)	排量强度 /(m³·min⁻¹·m⁻¹)	砂比 /%	孔隙度 /%	渗透率 /(10⁻³μm²)	含油饱和度/%	日产油强度 /(m³·m⁻¹)
HA501-48	2.76	1.23	0.11	35.0	11.13	0.55	59.47	0.31
HA499-46	3.97	1.82	0.16	35.2	11.03	0.98	63.00	0.39
HA495-49	3.25	1.63	0.15	35.3	9.20	0.69	53.43	1.20
HA497-47	3.03	1.52	0.14	25.5	11.35	0.57	53.00	1.30
HA501-49	2.70	1.35	0.12	35.7	13.01	2.47	64.56	0.51
HA502-50	2.50	1.25	0.11	35.7	11.14	1.58	57.25	0.64
HA505-50	8.33	4.17	0.38	35.9	9.74	1.14	69.97	4.13
HA495-49	3.25	1.63	0.15	35.1	9.20	0.69	53.43	1.20
HA497-47	3.03	1.52	0.14	35.3	11.35	0.57	53.00	1.30
HA501-49	2.70	1.35	0.12	35.4	13.01	2.47	64.56	0.51
HA502-50	2.50	1.25	0.11	35.0	11.14	1.58	57.25	0.64
HA501-50	6.67	3.33	0.30	35.1	10.95	0.50	55.74	2.25
HA522-72	6.90	3.45	0.31	35.5	9.19	1.13	52.53	0.83
HA516-67	3.77	1.89	0.17	35.7	11.08	1.77	58.82	2.29
HA517-68	3.25	1.63	0.15	21.0	10.79	1.00	54.98	1.98
HA518-69	1.90	0.95	0.09	35.0	9.49	0.89	52.07	0.73
HA522-72	6.90	3.45	0.31	35.2	9.19	1.13	52.53	0.83
HA205-58	2.34	1.23	0.11	35	11.68	3.23	73.95	0.00
HA496-50A	7.14	4.08	0.37	35.8	9.19	0.43	54.53	3.00
HA500-48	2.45	1.40	0.13	35.4	11.36	1.14	55.59	0.57
HA497-45	3.89	2.22	0.20	35.8	10.58	1.13	56.44	1.23
HA511-53	4.55	2.60	0.23	35.7	11.71	2.83	59.25	0.74
HA503-48	3.76	2.15	0.19	34.6	10.92	0.51	55.31	0.90
HA495-46	3.57	2.04	0.18	35.7	9.51	0.77	55.85	0.46
HA496-50A	7.14	4.08	0.37	35.8	9.19	0.43	54.53	3.00
HA501-51	3.65	2.08	0.19	35.3	9.85	0.31	56.74	1.06
HA500-48	2.45	1.40	0.13	35.5	11.36	1.14	55.59	0.57
HA518-67	3.02	1.72	0.16	35.7	9.63	1.20	57.92	0.93
HA519-66	4.49	2.56	0.23	33.3	10.16	1.11	52.22	1.23
L184-54	10.61	6.06	0.55	35.3	11.20	0.20	53.70	2.73
HA512-65	2.13	1.33	0.12	35.7	10.93	1.86	56.50	1.02
HA497-48	2.01	1.34	0.12	35.2	9.87	0.98	52.61	0.97

井　号	砂量强度 /(m³·m⁻¹)	前置酸强度 /(m³·m⁻¹)	排量强度 /(m³·min⁻¹·m⁻¹)	砂比 /%	孔隙度 /%	渗透率 /(10⁻³μm²)	含油饱和度/%	日产油强度 /(m³·m⁻¹)
HA499-50	3.45	2.30	0.21	35.5	11.71	1.36	61.40	1.41
HA497-49	2.42	1.61	0.15	35.7	10.78	0.45	62.37	0.97
HA499-51	4.69	3.13	0.28	35.3	9.47	0.28	59.35	0.00
HA496-46	2.80	1.87	0.17	35.5	8.28	0.45	49.03	0.11
HA503-49	2.27	1.52	0.14	28.9	10.24	0.67	60.52	1.43
HA499-50	3.45	2.30	0.21	35.5	11.71	1.36	61.40	1.41
HA497-49	2.42	1.61	0.15	35.7	10.78	0.45	62.37	0.97
HA511-66	2.03	1.35	0.12	35.5	13.01	2.47	64.56	1.30
HA518-71	2.07	1.38	0.12	35.6	11.39	1.27	45.43	2.15
AL177-49	8.82	5.88	0.53	35.7	10.39	1.74	50.40	1.59
AL182-50	4.11	2.74	0.25	35.5	9.97	0.33	53.70	1.36
HA202-58	4.17	2.78	0.25	35.1	10.85	2.92	56.54	1.46
HA504-50	2.02	1.49	0.13	35.5	9.05	1.02	52.30	1.54
HA498-48	1.61	1.29	0.12	35.5	12.72	2.43	52.63	0.99
HA496-48	2.98	2.38	0.21	35.6	8.74	0.56	59.29	1.82
HA499-49	1.30	1.04	0.09	35.7	11.09	0.52	58.03	0.70
AL176-46	1.50	1.20	0.11	35.3	9.54	3.20	67.89	0.50
HA206-57	1.49	1.34	0.12	35.3	10.64	0.94	57.84	0.00
HA204-57	1.79	1.75	0.16	35.7	10.75	1.67	58.32	0.00
AL185-53	5.00	5.00	0.45	35.1	12.90	1.06	66.20	2.10
HA504-52	1.20	1.60	0.14	35.4	8.97	2.11	65.86	2.04
HA198-50	1.61	2.50	0.23	35.3	9.80	0.80	67.09	0.71
HA202-54	0.80	1.24	0.11	35.3	9.61	1.01	59.89	0.00
HA487-45	0.68	2.74	0.25	35.6	9.38	0.63	54.27	0.00

1）样本点的选择及压裂效果评价标准研究

研究统计了 HA 长 8 储层 120 口井的压裂措施数据。进行分析时要对数据样本进行筛选，以便得到更好的规律，其样本筛选的基本原则为：

（1）去掉压裂施工失败或压裂过程中出现施工问题的样本点。

（2）去掉样本特征量数据不全的样本点。

（3）去掉不合理的样本点。

（4）去掉两两影响因素交会图上偏远离散的样本点。

（5）去掉井距很小而压裂效果相差较大和井距很大而压裂效果相差很小的样本点。

由于 HA 长 8 储层为 2011 年刚投入开发区块,油井为压裂投产井,因此其评价压裂措施效果就尤为重要。在分析其评价指标的时候,根据储层的实际情况和现场资料提取情况,主要以压裂投产后的日产油量为效果评价的主要指标,而本书以单米日产油量为评价标准,将日产油量除以单井的油层厚度,就得到了单米日产油量,这样就消除了油层厚度的影响。若将指标用 y_i 表示,则

$$y_i = \frac{Q_{Li}}{h_i}$$

式中　　Q_{Li}——第 i 井的日产油量,m³;

h_i——第 i 井的油层厚度,m。

得到每口井的单米日产油量之后,将统计到的单层日产油量做统计平均,得到:

$$\overline{y_j} = \sum_{i=1}^{n} y_i$$

以上式计算的值为基准值,用每个样本点的指标与其比较,就可以得到压裂效果的评价结果,依此为标准,将 HA 长 8 储层的压裂效果分为优、良、一般三个级别。其划分标准见表6-2。

表 6-2　储层压裂效果等级划分标准表

等　级	优/(m³·d⁻¹·m⁻¹)	良/(m³·d⁻¹·m⁻¹)	一般/(m³·d⁻¹·m⁻¹)	$\overline{y_j}$/(m³·d⁻¹·m⁻¹)
长 8	$y_i > 1.0$	$0.4 < y_i \leqslant 1.0$	$0 < y_i \leqslant 0.4$	1.26

2）长 8 储层各参数对应压裂效果的灰色关联度分析

（1）影响压裂效果的因素分析。

影响压裂效果的参数指标特别多,归纳起来,主要有四个:

① 地层静态参数;

② 油井生产动态参数;

③ 压裂施工参数;

④ 压裂井与水井的连通关系。

其中,地层静态参数包括孔隙度、渗透率、含油饱和度、压裂井段厚度、地层压力等;生产动态参数包括生产压差、油井生产时间、目前生产状况等;压裂施工参数包括排量、加砂量、平均砂比、总用液量等。此外,还必须考虑到井况的影响。对于与水井相邻的油井,还要考虑油水的接触状况及防止压裂过程中裂缝穿透阻挡层。

从理论上讲每一个参数对一口井的压裂增产效果都有不同程度的影响。但是,在这些参数中,有的参数容易获取,有的参数难以获取;有的参数易于量化,有的参数难以量化;有的参数对压裂效果影响显著,有的则不然。基于此情况,在选取参数时,必须选择那些既对压裂效果有显著影响同时又容易获取和量化的参数。

由于影响压裂效果的因素较多,影响权重不尽相同,因此有必要对各单井地质、开发及压裂施工数据进行数学分析,对压裂效果的影响因素进行排序,找出主要影响因素,并结合现场经验,最终确定研究参数。

为了找出影响压裂井增产的规律，使压裂设计更为合理，在缺少生产参数的实际情况下，基于 HA 压裂施工资料统计分析，选择地质参数和压裂施工参数作为主要影响因素，其中，地质参数包括孔隙度、渗透率、含油饱和度；压裂施工参数包括砂量、砂比、排量、前置酸量。为了消除油层厚度的影响，取砂量强度（即砂量与油层有效厚度的比值）、排量强度（即排量与油层有效厚度的比值）作为主要研究对象。

（2）灰色关联分析法确定各因素影响程度。

尽管影响压裂选井的因素众多，各因素影响程度互不相同，但灰色关联分析不受这些限制，它可在不完全的信息中对所要分析研究的各因素，通过一定的数据处理，在随机的因素序列间找出它们的相关性，找到主要特性和主要影响因素。运用灰色关联分析就能在宏观和微观上对各种影响因素进行客观的分析，排列出相互间的顺序，从而优选压裂井。运用灰色关联分析确定影响压裂效果的主要因素，即对各单井数据进行灰色关联分析，对各影响因素进行排序，确定各影响因素的权重。根据各因数关联度的大小确定主要影响因素。

① 原始数据变换。

由表 6-1 的数据样本，先分别求出各个序列的平均值，将各个原始数据除以平均值便得到无量纲数值，具有一定的可比性；然后再将这些数据再次均值化，消除大小数之间的差异；最后运用灰色关联分析。这样得到的新数据序列即为标准化序列，见表 6-3。

表 6-3 经过标准化处理后的长 8 储层数据表

井 号	砂量强度 /(m³·m⁻¹)	砂比 /%	排量强度 /(m³·min⁻¹·m⁻¹)	前置酸强度 /(m³·m⁻¹)	孔隙度 /%	渗透率 /(10⁻³ μm²)	含水 饱和度/%
HA507-48A	1.037 8	0.995 2	1.001 0	0.982 3	0.987 0	1.029 8	0.984 7
HA497-46	0.957 3	0.994 5	1.055 1	1.032 0	0.980 3	0.972 0	1.027 6
AL174-48	1.078 0	1.068 1	1.109 2	1.036 8	0.952 7	0.841 1	0.986 4
HA503-54A	0.997 5	0.997 5	1.001 0	0.975 3	1.004 8	0.908 7	1.019 2
HA502-48	0.997 5	0.997 5	1.001 0	1.001 1	1.053 5	1.033 6	1.004 9
HA520-72	0.997 5	0.999 0	0.974 0	0.932 0	0.981 7	0.904 3	0.991 3
HA519-70	1.037 8	0.996 0	0.974 0	0.969 1	1.049 7	1.028 7	0.985 1
AL178-48	0.997 5	0.994 5	0.974 0	0.910 3	0.943 4	0.445 0	0.979 8
HA522-75	0.957 3	0.995 2	0.974 0	0.952 0	1.011 2	0.885 6	1.012 5
HA499-48	0.997 5	0.996 7	0.974 0	0.937 0	0.991 1	0.932 9	0.966 1
HA499-48	0.997 5	0.996 0	1.001 0	0.990 3	1.002 5	1.038 6	0.951 5
HA504-63	0.957 3	0.996 0	0.974 0	0.915 3	1.025 6	0.963 2	1.012 5
HA521-72	1.037 8	0.997 5	1.001 0	1.012 0	1.002 7	0.997 3	1.004 6
HA518-72	0.997 5	1.101 9	1.028 1	0.916 0	1.065 6	1.043 6	0.996 7
HA506-62	0.997 5	0.996 7	1.028 1	0.918 6	1.010 9	0.868 6	1.002 8
HA510-69	1.037 8	0.995 2	1.001 0	0.982 3	0.987 0	1.029 8	1.024 5

井　号	砂量强度/(m³·m⁻¹)	砂比/%	排量强度/(m³·min⁻¹·m⁻¹)	前置酸强度/(m³·m⁻¹)	孔隙度/%	渗透率/(10⁻³μm²)	含水饱和度/%
HA194-53	1.037 8	0.996 7	1.001 0	1.008 5	1.056 2	1.041 9	1.033 9
HA507-53	0.997 5	0.998 2	0.974 0	0.952 6	1.011 6	0.986 3	1.006 3
HA507-53	1.078 0	0.995 2	0.974 0	0.940 0	0.948 5	0.814 7	0.986 6
HA514-70	0.957 3	0.998 2	1.001 0	0.989 8	0.985 8	1.029 2	1.004 8
HA516-71	1.078 0	0.997 5	1.055 1	1.076 5	1.031 1	1.018 8	0.989 7
HA518-68	0.997 5	0.999 7	1.001 0	1.047 1	0.951 5	0.996 8	1.047 0
HA520-69	0.997 5	0.997 5	0.974 0	1.016 1	0.979 8	0.887 3	0.996 7
HA518-70	0.997 5	0.998 2	0.974 0	1.039 1	1.039 3	1.058 9	0.992 2
HA520-70	0.997 5	0.994 5	1.028 1	1.053 3	1.030 0	1.055 6	1.034 3
HA520-67	1.037 8	0.996 0	1.001 0	1.050 3	1.017 5	1.049 6	1.022 7
HA507-54	0.997 5	0.997 5	0.987 5	0.945 3	0.997 8	1.039 1	0.940 4
HA501-46	0.957 3	1.009 5	0.974 0	0.954 0	0.992 7	1.035 8	0.990 9
HA487-43	0.997 5	0.994 5	0.974 0	0.908 6	1.003 1	1.037 5	1.016 1
HA506-52	0.997 5	0.997 5	0.974 0	0.982 3	0.976 4	1.019 9	0.985 3
HA505-52	1.078 0	0.995 2	1.028 1	0.928 8	1.024 3	1.052 3	1.007 2
HA503-51	0.957 3	0.996 0	0.974 0	1.023 3	1.018 4	1.049 6	1.004 5
HA491-49A	0.997 5	0.997 5	1.001 0	0.971 1	0.967 3	1.010 0	0.989 4
HA510-66	0.997 5	0.994 5	0.974 0	1.205 7	0.999 5	0.969 2	1.048 8
HA516-72	1.078 0	0.996 0	1.055 1	0.991 1	0.995 3	1.035 8	1.032 8
HA510-65	0.997 5	1.042 5	1.001 0	0.954 8	0.994 6	1.030 3	1.017 9
HA521-70	0.957 3	0.996 0	0.974 0	0.913 3	0.980 5	1.023 7	0.990 8
HA519-68	0.957 3	0.997 5	0.974 0	1.111 8	1.022 6	1.052 9	0.992 8
HA522-71	0.957 3	0.996 0	0.974 0	0.950 3	1.008 8	1.044 6	0.988 2
HA520-71	0.997 5	0.996 7	1.028 1	0.982 0	1.037 6	1.058 4	0.991 2
HA518-66	0.997 5	0.997 5	0.974 0	1.012 5	0.946 0	0.356 4	0.990 1
AL180-47	0.957 3	0.996 0	0.974 0	1.034 6	0.991 9	1.035 3	0.979 5
HA207-60	0.997 5	0.996 0	1.001 0	1.048 5	1.040 2	1.059 9	1.053 7
AL169-03A	1.078 0	0.996 0	1.055 1	0.998 6	1.013 5	0.976 9	1.042 3
HA499-47	0.957 3	0.996 0	0.974 0	1.007 0	0.979 6	0.987 4	1.004 2
HA505-53	1.037 8	0.996 7	1.001 0	1.034 8	0.972 4	0.898 8	0.965 9
HA497-48	1.078 0	0.997 5	1.028 1	0.957 0	1.019 6	0.996 8	0.944 7
HA194-51	0.997 5	0.994 5	1.001 0	1.060 0	0.979 0	1.022 6	1.014 9

井 号	砂量强度 /(m³·m⁻¹)	砂比 /%	排量强度 /(m³·min⁻¹·m⁻¹)	前置酸强度 /(m³·m⁻¹)	孔隙度 /%	渗透率 /(10⁻³μm²)	含水 饱和度/%
HA197-54	0.957 3	0.994 5	1.001 0	1.010 8	1.026 2	1.054 0	1.032 2
HA196-54	0.997 5	0.997 5	1.001 0	0.972 1	1.004 4	0.954 9	0.995 2
AL275-21	1.037 8	0.996 0	1.001 0	1.030 3	1.023 9	1.006 1	0.971 8
HA503-50	0.957 3	0.995 2	0.974 0	1.191 8	0.935 4	0.830 6	0.977 4
HA498-46	0.957 3	0.994 5	1.001 0	1.049 6	1.001 4	1.040 8	0.945 2
HA500-46	0.957 3	0.994 5	1.001 0	1.068 5	1.029 8	1.054 5	1.008 3
HA503-50	0.957 3	0.996 7	1.001 0	1.004 6	0.994 6	0.995 1	1.077 0
HA517-72	1.037 8	0.995 2	1.028 1	0.993 5	1.006 7	1.013 8	0.995 8
HA520-68	0.997 5	0.997 5	0.974 0	1.148 7	0.962 5	1.008 9	0.966 5
HA200-54	0.997 5	0.997 5	0.974 0	0.937 1	1.008 0	1.044 6	0.978 1
HA501-48	0.957 3	0.996 0	0.974 0	0.977 1	0.956 8	1.002 3	0.942 8
HA501-47	0.957 3	0.995 2	1.028 1	0.980 5	0.956 5	1.001 7	0.995 2
HA507-52	1.037 8	0.996 7	1.028 1	0.964 8	0.985 1	1.027 6	1.004 2
HA506-54	0.997 5	0.996 7	1.001 0	1.050 0	1.037 6	1.057 8	0.999 5
HA498-48	0.957 3	0.997 5	1.001 0	0.960 1	0.983 6	0.951 1	0.988 5
HA496-48	0.997 5	0.996 0	1.028 1	1.023 6	1.023 4	1.051 8	1.041 1
HA501-48	0.957 3	0.996 7	1.001 0	1.025 6	1.001 8	1.040 2	1.024 9
HA499-46	1.037 8	0.996 7	1.001 0	1.034 8	0.972 4	0.898 8	0.965 9
HA495-49	1.078 0	0.997 5	1.028 1	0.957 0	1.019 6	0.996 8	0.944 7
HA497-47	0.997 5	0.994 5	1.001 0	1.060 0	0.979 0	1.022 6	1.014 9
HA501-49	0.957 3	0.994 5	1.001 0	1.010 8	1.026 2	1.054 0	1.032 2
HA502-50	0.997 5	0.997 5	1.001 0	0.972 1	1.004 4	0.954 9	0.995 2
HA505-50	1.037 8	0.996 0	1.001 0	1.030 3	1.023 9	1.006 1	0.971 8
HA495-49	0.957 3	0.995 2	0.974 0	1.191 8	0.935 4	0.830 6	0.977 4
HA497-47	0.957 3	0.994 5	1.001 0	1.049 6	1.001 4	1.040 8	0.945 2
HA501-49	0.957 3	0.994 5	1.001 0	1.068 5	1.029 8	1.054 5	1.008 3
HA502-50	0.957 3	0.996 7	1.001 0	1.004 6	0.994 6	0.995 1	1.077 0
HA501-50	1.037 8	0.995 2	1.028 1	0.993 5	1.006 7	1.013 8	0.995 8
HA522-72	1.037 8	0.996 7	1.001 0	1.034 8	0.972 4	0.898 8	0.965 9
HA516-67	1.078 0	0.997 5	1.028 1	0.957 0	1.019 6	0.996 8	0.944 7
HA517-68	0.997 5	0.994 5	1.001 0	1.060 0	0.979 0	1.022 6	1.014 9
HA518-69	0.957 3	0.994 5	1.001 0	1.010 8	1.026 2	1.054 0	1.032 2

井　号	砂量强度 /(m³·m⁻¹)	砂比 /%	排量强度 /(m³·min⁻¹·m⁻¹)	前置酸强度 /(m³·m⁻¹)	孔隙度 /%	渗透率 /(10⁻³ μm²)	含水饱和度/%
HA522-72	0.997 5	0.997 5	1.001 0	0.972 1	1.004 4	0.954 9	0.995 2
HA205-58	1.037 8	0.996 0	1.001 0	1.030 3	1.023 9	1.006 1	0.971 8
HA496-50A	0.957 3	0.995 2	0.974 0	1.191 8	0.935 4	0.830 6	0.977 4
HA500-48	0.957 3	0.994 5	1.001 0	1.049 6	1.001 4	1.040 8	0.945 2
HA497-45	0.957 3	0.994 5	1.001 0	1.068 5	1.029 8	1.054 5	1.008 3
HA511-53	0.957 3	0.996 7	1.001 0	1.004 6	0.994 6	0.995 1	1.077 0
HA503-48	1.037 8	0.995 2	1.028 1	0.993 5	1.006 7	1.013 8	0.995 8
HA495-46	1.037 8	0.996 7	1.001 0	1.034 8	0.972 4	0.898 8	0.965 9
HA496-50A	1.078 0	0.997 5	1.028 1	0.957 0	1.019 6	0.996 8	0.944 7
HA501-51	0.997 5	0.994 5	1.001 0	1.060 0	0.979 0	1.022 6	1.014 9
HA500-48	0.957 3	0.994 5	1.001 0	1.010 8	1.026 2	1.054 0	1.032 2
HA518-67	0.997 5	0.997 5	1.001 0	0.972 1	1.004 4	0.954 9	0.995 2
HA519-66	1.037 8	0.996 0	1.001 0	1.030 3	1.023 9	1.006 1	0.971 8
AL184-54	0.957 3	0.995 2	0.974 0	1.191 8	0.935 4	0.830 6	0.977 4
HA512-65	0.957 3	0.994 5	1.001 0	1.049 6	1.001 4	1.040 8	0.945 2
HA497-48	0.957 3	0.994 5	1.001 0	1.068 5	1.029 8	1.054 5	1.008 3
HA499-50	0.957 3	0.996 7	1.001 0	1.004 6	0.994 6	0.995 1	1.077 0
HA497-49	1.037 8	0.995 2	1.028 1	0.993 5	1.006 7	1.013 8	0.995 8
HA499-51	1.078 0	0.995 2	0.974 0	0.940 0	0.948 5	0.814 7	0.986 6
HA496-46	0.957 3	0.998 2	1.001 0	0.989 8	0.985 8	1.029 2	1.004 8
HA503-49	1.078 0	0.997 5	1.055 1	1.076 5	1.031 1	1.018 8	0.989 7
HA499-50	0.997 5	0.999 7	1.001 0	1.047 1	0.951 5	0.996 8	1.047 0
HA497-49	0.997 5	0.997 5	0.974 0	1.016 1	0.979 8	0.887 3	0.996 7
HA511-66	0.997 5	0.998 2	0.974 0	1.039 1	1.039 3	1.058 9	0.992 2
HA518-71	0.997 5	0.994 5	1.028 1	1.053 3	1.030 0	1.055 6	1.034 3
AL177-49	1.037 8	0.996 0	1.001 0	1.050 3	1.017 5	1.049 6	1.022 7
AL182-50	0.997 5	0.997 5	0.987 5	0.945 3	0.997 8	1.039 1	0.940 4
HA202-58	0.957 3	1.009 5	0.974 0	0.954 0	0.992 7	1.035 8	0.990 9
HA504-50	0.997 5	0.994 5	0.974 0	0.908 6	1.003 1	1.037 5	1.016 1
HA498-48	0.997 5	0.997 5	0.974 0	0.982 3	0.976 4	1.019 9	0.985 3
HA496-48	1.078 0	0.995 2	1.028 1	0.928 8	1.024 3	1.052 3	1.007 2
HA499-49	0.957 3	0.996 0	0.974 0	1.023 3	1.018 4	1.049 6	1.004 5

井　号	砂量强度 /(m³·m⁻¹)	砂比 /%	排量强度 /(m³·min⁻¹·m⁻¹)	前置酸强度 /(m³·m⁻¹)	孔隙度 /%	渗透率 /(10⁻³ μm²)	含水 饱和度/%
AL176-46	0.997 5	0.997 5	1.001 0	0.971 1	0.967 3	1.010 0	0.989 4
HA206-57	0.997 5	0.994 5	0.974 0	1.205 7	0.999 5	0.969 2	1.048 8
HA204-57	1.078 0	0.996 0	1.055 1	0.991 1	0.995 3	1.035 8	1.032 8
AL185-53	0.997 5	1.042 5	1.001 0	0.954 8	0.994 6	1.030 3	1.017 9
HA504-52	0.957 3	0.996 0	0.974 0	0.913 3	0.980 5	1.023 7	0.990 8
HA198-50	0.957 3	0.997 5	0.974 0	1.111 8	1.022 6	1.052 9	0.992 8
HA202-54	0.957 3	0.996 0	0.974 0	0.950 3	1.008 8	1.044 6	0.988 2
HA487-45	0.997 5	0.996 7	1.028 1	0.982 0	1.037 6	1.058 4	0.991 2

② 关联系数的计算。

若记母数列 $\{x_0(t)\}$，子数列 $\{x_i(t)\}$，则在时刻 $t=k$ 时，$\{x_0(t)\}$ 与 $\{x_i(t)\}$ 的关联系数 $\xi_{0i}(k)$ 用下式表示：

$$\xi_{0i}(k) = \frac{\Delta_{\min} + \rho \times \Delta_{\max}}{\Delta_{0i}(k) + \rho \times \Delta_{\max}}$$

式中　$\Delta_{0i}(k)$——k 时刻两个序列的绝对差；

$\Delta_{\max}, \Delta_{\min}$——各个时刻的绝对差中的最大值与最小值；

ρ——分辨系数，其作用在于提高关联系数之间的差异显著性。

对表 6-3 数据序列来讲，最小差值 $\Delta_{\min}=0$，最大差值 $\Delta_{\max}=6.028\ 709$。$\rho \in (0,1)$，通常取 0.5。

③ 求关联度。

由以上所述可知，关联度分析实质上是对时间序列数据进行几何关系比较，若两序列在各个时刻点都重合在一起，即关联系数均等于 1，则两序列的关联度也必等于 1；若两比较序列在任何时刻也不可垂直，即关联系数均大于 0，则关联度也都大于 0。因此，两序列的关联度以两比较序列各个时刻的关联系数之平均值计算，即

$$r_{0i} = \frac{1}{N}\sum_{k=1}^{N}\xi_{0i}(k)$$

式中　r_{0i}——子序列 i 与母序列 0 的关联度；

N——比较序列的长度（即数据个数）。

经过计算后的最终关联系数见表 6-4，从表中长 8 储层的各参数的关联程度可得，各个参数对压裂效果均有较大影响，但是影响最终产能最主要的参数是渗透率、孔隙度和含油饱和度这些地质参数，其中在压裂参数中，影响最大的首先是前置酸强度、砂量强度，其次是排量强度，再次是砂比。

表 6-4　长 8 储层的各个参数对压裂效果的影响关联系数

参　　数	砂量强度 /(m³·m⁻¹)	砂比 /%	排量强度 /(m³·min⁻¹·m⁻¹)	前置酸强度 /(m³·m⁻¹)	孔隙度 /%	渗透率 /(10⁻³ μm²)	含油饱和度 /%
关联系数	0.352 9	0.315 8	0.336 2	0.401 6	0.375 8	0.388 3	0.364 7
权重数	0.117 5	0.105 3	0.112 0	0.133 8	0.125 2	0.129 3	0.121 5

6.1.5　压裂参数的影响规律分析

在完善上述分析方法并编制好应用软件后,下一步将对模糊评价方法的评判精度进行分析,并对因素对压裂效果的影响规律进行分析研究,得出相关结论,为油田后期压裂改造措施的优化决策提供一定的理论指导。长 8 储层的平均油层厚度为 16.39 m,平均孔隙度为 11.66%,平均渗透率为 1.71 μm²,平均含油饱和度为 56.03%,泥质含量为 14.38%,其压裂设计中的砂量强度、砂比、排量强度对压裂效果的影响规律如下。

(1)砂量强度的影响。

由图 6-2 可看出,在统计样本范围内,砂量强度越大,效果越好。

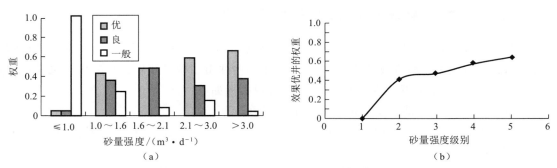

图 6-2　统计样本范围内效果-砂量强度对应框图

(2)砂比。

从图 6-3 可看出,最优的砂比范围应在 32%～35% 之间。

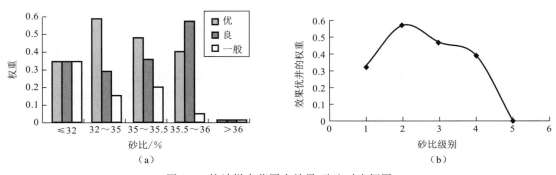

图 6-3　统计样本范围内效果-砂比对应框图

（3）排量强度。

从图 6-4 可看出，排量强度的最优范围为 $0.10 \sim 0.14$ $m^3/(min \cdot m)$。

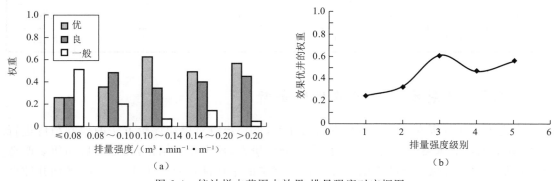

图 6-4 统计样本范围内效果-排量强度对应框图

6.2 高效缓速低伤害前置酸液体系筛选与评价

6.2.1 砂岩酸压作用机理和应用情况

酸压主要应用于碳酸盐岩储层，砂岩储层的增产措施主要采用水力压裂，几乎不进行酸压作业，解堵时则采用酸洗或基质酸化，但近年来一些油田在砂岩储层进行酸压尝试获得成功。砂岩储层一般不能冒险进行酸压，其原因可以概括如下：

（1）用土酸酸压可能产生大量沉淀物堵塞流道。

（2）酸液沿缝壁均匀溶蚀岩石，不能形成明显沟槽，酸压后裂缝大部分闭合，有效裂缝导流能力低。

（3）部分砂岩储层胶结疏松，酸压时可能由于酸液对岩石大量溶蚀致使岩石松散，引起油井过早出砂。

砂岩储层进行酸压需具备的条件是：

（1）酸压后酸岩反应产物对酸蚀裂缝或储层产生的二次伤害较小，不能因酸化后的反应产物对其造成堵塞而引起产能下降。

（2）储层岩石壁面经酸液刻蚀后能形成较高或一定的裂缝导流能力。

（3）砂岩储层胶结好，酸压时不因酸液对储层岩石的溶蚀而引起岩石松散，造成储层岩层垮塌和出砂。酸蚀裂缝导流能力是衡量酸压成功与否的关键因素之一，其大小及分布与酸压效果紧密相关。砂岩储层酸化后酸岩反应的二次沉淀、储层剥落的微粒及运移的黏土颗粒均对有效酸蚀裂缝导流能力的形成有决定性影响，因而上述条件可以最终归结为一点，即形成有效的酸蚀裂缝导流能力。

前置酸压裂是将酸液在高于破裂压力下泵入地层，使一部分酸液处于裂缝最前缘，一部分酸液滤失到裂缝壁面两侧，再挤入一定的隔离液，将酸液和压裂液相隔离，防止压裂液遇酸后水化破胶，导致压裂失败，随后继续泵入携砂液、顶替液，完成压裂施工。酸压工艺技术最终要形成有效的酸蚀裂缝导流能力,取决于工艺参数和酸液体系的配方。

6.2.2　砂岩酸化体系国内外发展现状

砂岩油藏增产酸化用酸,从最初的土酸酸液体系发展到如今的缓速酸、有机酸、自生酸、缓速调节氢氟酸、有机土酸、磷酸土酸、氟硼酸等诸多酸液体系,并且在这些酸液的基础上,发展了各种相关的配套酸化工艺体系。

1) 土酸酸化体系

土酸作为砂岩储层酸化的一种最早且最常见的酸液体系,是盐酸和氢氟酸以不同的比例组成的混合酸。几乎所有用于砂岩基质酸化的酸液均含有氢氟酸(HF)或者其原始化合物。然而,由于氢氟酸与黏土矿物反应非常迅速,酸液大部分消耗在井筒附近,造成酸液作用时间短,穿透距离短,增产效果并不理想。在胶结疏松的砂岩储层,可能导致氢氟酸对黏土矿物过度溶蚀,而造成地层更加疏松甚至垮塌的不良后果。同时,氢氟酸与砂岩储层的硅铝酸盐矿物反应生成的二次沉淀也将影响地层的渗透率以及最终的增产效果。

2) 砂岩深部酸化体系

由于常规土酸体系存在的缺陷,如果能够减缓氢氟酸在储层内的生成速度,延长酸液在储层的作用时间,就不仅可以使远离井筒的储层深部有活性氢氟酸,而且还能提供充分的反应时间使黏土溶解。

砂岩深部酸化的基本原理是注入本身不含氢氟酸的化学剂进入储层后发生化学反应,缓慢生成氢氟酸,从而增加活性酸的穿透深度,解除黏土对储层的堵塞,达到深度解堵的目的。砂岩深部酸化体系主要包括 SHF 体系、SGMA 体系、有机土酸体系、氟硼酸体系和磷酸体系等。

(1) 盐酸-氟化铵体系(SHF 体系)。

该体系利用黏土的天然离子交换性能,在黏土表面生成氢氟酸而就地溶解黏土。向储层注入盐酸和 NH_4F,这两种物质本身不含氢氟酸,但是注入储层两种溶液混合后,便缓慢生成氢氟酸。注液时,盐酸和 NH_4F 可以根据需要多次重复使用,以达到预期的酸化深度,SHF 法的处理深度取决于盐酸和 NH_4F 的用量和浓度。SHF 体系对不含黏土的储层无作用,在提高储层渗透率和穿透深度方面优于常规土酸。这个方法的优点是工作液的成本低,穿透深度大,适合由于黏土造成的油层污染储层的处理;缺点是工艺较复杂,溶解能力较低。

(2) 自生土酸体系(SGMA 体系)。

该体系是向储层注入一种含氟离子的溶液和另一种能够水解后生成有机酸的脂类,两者在储层中相互反应缓慢生成氢氟酸。由于水解反应比氢氟酸的生成速度和黏土的溶解速度慢得多,故可以达到缓速和深度酸化的目的,脂类化合物按照储层温度条件进行选择。如甲酸甲脂的作用原理如下:

$$HOOCCH_3 + H_2O \longrightarrow HCOOH + CH_3OH$$

$$HCOOH + NH_4F \longrightarrow NH_4^+ + HCOO^- + HF$$

自生土酸酸化的特点是:注入混合处理液后关井时间较长,待酸液反应后再缓慢投产。

该工艺适合泥质砂岩储层,成功的 SGMA 酸可获得较长的稳产期。

(3) 有机土酸体系。

该体系是由氢氟酸和某些有机酸的混合物作为砂岩酸化的用酸。氢氟酸和甲酸混合物的 pH 值为 3.5～4.0;氢氟酸和柠檬酸混合物的 pH 值为 4.5～5.0。这种体系特别适合高温井(90～150 ℃),因为这个体系可以减小油管的腐蚀速度,并且这个体系还可以减少形成酸渣的趋势。但是该体系对黏土的溶蚀能力不强。

(4) 氟硼酸体系。

该体系是通过氟硼酸水解逐步生成氢氟酸,因此氢氟酸的浓度较低,与地层的反应速度也较慢。当氢氟酸被消耗时,氟硼酸通过水解产生更多的氢氟酸,因此氟硼酸可以实现深穿透。研究发现,氟硼酸处理过的砂岩孔隙中,高岭石像被"熔结"在砂粒表面上,因而有利于稳定处理后的黏土矿物,防止由于分散运移给地层造成伤害。同时,该体系还可以控制黏土膨胀和微粒运移,对土酸敏感的地层在用土酸酸化之前还可以用氟硼酸溶液作为前置液。氟硼酸的水解是一个多级水解反应:

$$BF_4^- + H_2O \longrightarrow BF_3OH^- + HF$$
$$BF_3OH^- + H_2O \longrightarrow BF_2(OH)_2^- + HF$$
$$BF_2(OH)_2^- + H_2O \longrightarrow BF(OH)_3^- + HF$$
$$BF(OH)_3^- + H_2O \longrightarrow H_3BO_3 + HF + OH^-$$

在含有大量钾的硅铝酸盐如伊利石的储层中,采用氟硼酸处理,避免了土酸处理后生成六氟硅酸钾沉淀的缺点,生成对地层仅有轻微伤害的氟硼酸钾沉淀。

(5) 磷酸缓速酸(PPAS)体系。

高浓度的磷酸体系与盐酸联合使用,保留了磷酸酸液体系的优点,这种酸液更加适合处理钙质含量高的砂岩。

高浓度的磷酸体系与氢氟酸联合使用,既提高了黏土含量高地层的酸化强度,又保持了 PPAS 酸液的优点。该酸液体系除了在缓速作用方面与有机土酸类似外,它的另一优点是与地层中钙质矿物反应,在其矿物表面生成不溶性磷酸钙沉淀将其保护起来,免于生成氟化钙沉淀堵塞地层。但磷酸钙在过量磷酸的作用下会转化为可溶性的磷酸二氢钙而发生运移,后者在磷酸耗尽时生成磷酸钙二次沉淀可能堵塞地层。碳酸盐含量、泥质含量高,含水敏及酸敏性黏土矿物,污染较重,又不宜用土酸深度处理的储层可用磷酸体系来处理。磷酸可以解除硫化物、腐蚀产物及碳酸盐类堵塞物。但是,高浓度的磷酸体系的 pH 值较高,也有生成氟硅酸盐沉淀堵塞地层的可能性。

6.2.3 高效缓速低伤害前置酸体系发展现状

高效缓速低伤害前置酸体系是国外 20 世纪 90 年代后期发展的一种新型酸液体系,与现有酸液体系相比具有反应速度慢、溶解能力强、防垢性能和分散性能良好,且可以抑制井眼附近的地层伤害、有效控制二次沉淀等优点,是砂岩酸化压裂较理想的一种酸液体系。

国外多家大型技术服务公司如 BJ 和壳牌等已有大量的成功应用实例。国内从 1998 年起相继有一些高效缓速低伤害前置酸方面的翻译资料、研究报告以及应用实例,但主要是引进国外技术,其核心技术报道较少,发展处于起步阶段。

6.2.4　高效缓速低伤害前置酸体系研究的目的

长庆油田每年采取大量的砂岩油藏酸压增产措施,所使用的酸液类型较多,主要有常规土酸、多元复合酸、氟硼酸等,这些酸液体系虽然能够解决砂岩酸化解堵中的一些问题,但由于酸液体系溶蚀率低,同时不能完全解决酸液与敏感性矿物反应引起的伤害大等问题,使得部分区块油水井措施有效期短,酸化解堵效果并不理想。

HA 长 8 油藏前期开发中也采用了一些酸压增产措施,效果仍有提高的空间。长 8 储层岩矿组分中黏土矿物含量较高,对酸液敏感性较强,为低孔特低渗;胶结物以碳酸盐胶结物和硅质胶结物为主,其中硅质胶结物包括次生加大式胶结及孔隙充填式胶结两种,以石英加大边状为主,少量充填孔隙。针对长 8 储层的这些特点,为进一步提高酸压效果,很有必要开展高效缓速低伤害前置酸酸液体系的研究应用。

6.2.5　高效缓速低伤害前置酸酸化机理

通过分析砂岩酸化存在的主要技术问题,提出了高效缓速低伤害前置酸酸液体系,并开展了高效缓速低伤害前置酸酸液作用机理、功能添加剂开发以及酸液类型筛选等关键技术的研究。

1) 砂岩酸化存在的主要技术问题

盐酸和氢氟酸是砂岩酸化主要使用的酸液,土酸是两种酸液按不同比例组成的混合酸液体系,在实际应用中尽管滤失问题严重,但用土酸酸化砂岩仍是油田开发中十分经济的工艺手段。砂岩矿物组成的复杂性(图 6-5)导致了酸岩反应过程中产生了一些问题,对酸化措施后的效果影响较大,主要体现在以下两个方面。

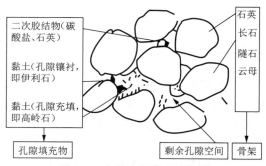

图 6-5　砂岩矿物典型结构图

(1) 生成不溶物。

用土酸进行砂岩酸化的过程中,酸液与地层矿物反应主要分为三个阶段,其反应机理概述如下。

首先,酸液开始与储层矿物接触,且盐酸和氢氟酸浓度较高,此时的酸岩反应为基本反应或一次反应,它是盐酸与碳酸盐以及氢氟酸与硅铝酸盐的反应,主要反应式见表 6-5。

表 6-5　砂岩酸化基本反应

酸液类型	岩石矿物	反应式
HCl	方解石	$2HCl+CaCO_3 \longrightarrow CaCl_2+CO_2+H_2O$
	白云岩	$4HCl+CaMg(CO_3)_2 \longrightarrow CaCl_2+MgCl_2+2CO_2+2H_2O$
	菱铁矿	$2HCl+FeCO_3 \longrightarrow FeCl_2+CO_2+H_2O$
HF	石英	$4HF+SiO_2 \longrightarrow SiF_4+2H_2O$
		$2HF+SiF_4 \longrightarrow H_2SiF_6$
	钠长石	$22HF+NaAlSi_3O_8 \longrightarrow NaF+AlF_3+3H_2SiF_6+8H_2O$
	钾长石	$22HF+KAlSi_3O_8 \longrightarrow KF+AlF_3+3H_2SiF_6+8H_2O$
	钙长石	$20HF+CaAl_2Si_2O_8 \longrightarrow CaF_2\downarrow +2AlF_3+2H_2SiF_6+8H_2O$
	蒙脱石	$36HF+Al_2O_3 \cdot 4SiO_2 \cdot H_2O \longrightarrow 2H_3AlF_6+4H_2SiF_6+12H_2O$
	高岭石	$18HF+Al_2Si_2O_5(OH)_4 \longrightarrow 2H_2SiF_6+2AlF_3+9H_2O$

一次反应的主要产物为氯化物、氟硅酸、氟铝化物和氟化物,其溶解了储层碳酸盐和铝硅酸盐矿物,是改善渗透率和解除黏土伤害的重要反应。

当氢氟酸几乎耗尽时,反应生成的氟硅酸可进一步与硅铝酸盐矿物反应,即为二次反应,主要反应式见表 6-6。

表 6-6　砂岩酸化二次反应

岩石矿物	反应式
钠长石	$6NaAlSi_3O_8+H_2SiF_6+18H^++28H_2O \longrightarrow 6Na^++19H_4SiO_4+6AlF^{2+}$
钾长石	$6KAlSi_3O_8+H_2SiF_6+18H^++28H_2O \longrightarrow 6K^++19H_4SiO_4+6AlF^{2+}$
蒙脱石	$H_2SiF_6+3Al_2O_3 \cdot 4SiO_2 \cdot 3H_2O+12H^+ \longrightarrow 6AlF^{2+}+5H_4SiO_4$
高岭石	$H_2SiF_6+3Al_2O_3 \cdot 6SiO_2 \cdot 7H_2O+12H^+ \longrightarrow 6AlF^{2+}+7H_4SiO_4$

由反应式可以看出次生的氟硅酸进一步与黏土和长石反应在黏土矿物表面形成硅凝胶沉淀,同时,氟硅酸与地层水中的 K^+,Na^+ 等混合,易形成氟硅酸盐沉淀。

当氟硅酸完全反应生成硅凝胶之后,含氟多的氟铝络合物可以继续与铝硅酸盐发生反应,即三次反应,方程式可表述如下:

$$AlF_2^+ + [M\text{-}Al\text{-}Si\text{-}O_3]^{2+} + 2H^+ + H_2O \longrightarrow 2AlF^{2+} + M^+ + Si(OH)_4\downarrow$$（其中 M 表示钠或钾）

该反应在温度高于 93 ℃时才开始,且受反应时间、离子交换程度、温度以及 pH 值环境等因素影响,对于低温储层可不予考虑。

(2) 反应速度快。

控制酸液在砂岩储层中的反应速度的因素有温度、酸液浓度、液流速率、压力、酸岩面容比、岩石机械强度、次生沉淀等;同时砂岩酸化被认为是表面反应控制而不是扩散传质控制,所以砂岩矿物的比表面积和溶解度也是重要的影响因素。

由砂岩矿物的比表面积与酸溶解度可知,黏土矿物(如高岭石、伊利石、蒙脱石、绿泥石等）的比表面积相对较大，其表面积通常是石英或长石的数百倍甚至上千倍。黏土微粒附着在砂岩颗粒表面，降低了酸液与砂岩颗粒的接触面积；此外黏土矿物与酸液反应较快，在产生大量不溶物的同时，消耗了相当大比例的酸，使得活性酸系统仅仅能在井筒周围几英寸（in，1 in＝ 2.54 cm）内起作用，酸液的活性穿透深度较小，降低了酸化措施效果，缩短了措施有效期，增加了成本。

2）高效缓速低伤害前置酸的伤害机理

高效缓速低伤害前置酸体系是利用一种特殊的多元有机酸与含氟化合物反应生成氢氟酸来对储层进行酸化解堵的酸液体系。

通过大量的文献调研分析工作，可以得到有机膦酸具有的优良性能符合高效缓速低伤害前置酸体系多元有机酸的要求，该化合物分子含有多个氢离子，可以在不同条件下进行逐级电离，酸性属中强酸，且随温度的升高其电离的氢离子浓度也会增大。此外，有机膦酸也是一种性能优良的阻垢剂，可以有效抑制二次沉淀的产生。

含氟化合物为一种中等强度的电解质，随反应的进行能够缓慢电离氟离子，在酸液中起缓冲作用，达到延缓酸岩反应速度的目的。

高效缓速低伤害前置酸体系中起关键作用的功能添加剂为有机膦酸和含氟化合物，它们可以很好地解决砂岩酸化过程中存在的主要问题，其作用机理概述如下。

（1）抑制沉淀机理。

有机膦酸与含氟化合物反应生成氢氟酸，氢氟酸再与地层矿物反应，它和常规土酸与地层矿物反应相似，但是由于有机膦酸具有的优良阻垢性能，可以抑制二次沉淀的产生，具体表现在：

① 阀值效应。

有机膦酸可以在很低的浓度下将远高于按照螯合机制的化学计量相应量的多价金属离子"螯合"于溶液中，从而使一些容易生成沉淀的金属离子保持溶液状态，这个效应称为"阀值效应"。

在砂岩酸化过程中，氢氟酸与储层岩石矿物反应将产生 Ca^{2+}，Al^{3+}，Fe^{2+}，Fe^{3+} 等易产生沉淀的多价金属离子，有机膦酸在溶液中通过"阀值效应"抑制和阻滞沉淀晶种生成，溶液中缺少必要的和一定数量的晶种，这些金属离子就很难继续生长发育成沉淀。由于有机膦酸是抑制晶种的生成，与金属化合物分子之间不存在定量的化学作用，因此，用很少量的多氢酸就可以抑制沉淀生成，效果明显。

② 吸附作用。

有机膦酸对 Ca^{2+}，Na^+，K^+，NH_4^+ 等有很强的吸附能力，能够有效地阻止这些离子与 F^-，SiF_6^{2-} 形成氟化物沉淀和氟硅酸盐的沉淀。

（2）缓速机理。

高效缓速低伤害前置酸体系的缓速性能首先体现在有机膦酸能够逐级电离氢离子，与氟化物电离出的氟离子结合，保持酸液体系中具有一定的活性氢氟酸浓度，使酸岩反应持续进行；另外，有机膦酸具有的特殊吸附性能也提供了一定的缓速作用。

① 物理吸附。

有机膦酸可以通过静电效应吸附在岩石上，这种物理吸附主要与岩石的表面积有关，由于在砂岩储层中黏土的表面积比石英、长石等矿物的表面积大得多,所以有机膦酸更容易吸附在黏土表面,延缓酸液对黏土的溶蚀。

② 化学吸附。

有机膦酸的化学吸附易于作用在含钙、铁、铝成分较高的黏土和填充物上。此时,有机膦酸与黏土反应在黏土表面生成铝硅膦酸盐的"薄层"。这个薄层可以阻止黏土与酸液的反应,减小黏土的溶解度。但是,由于在黏土表面形成的薄层是可溶于酸的,因此可以用少量的盐酸或者有机酸来调整黏土的溶解度,达到酸化优化设计。

6.2.6 高效缓速低伤害前置酸酸液体系配方的室内研究

1) 酸液剂 A 的开发

由高效缓速低伤害前置酸酸化机理的研究成果可知,酸液主剂为有机膦酸,室内对几种有机膦酸化合物进行了复配,并开展了产品的筛选和性能研究实验。

(1) 氟化物沉淀实验。

对比评价了常规土酸体系及含有机膦酸酸液体系对氟化物沉淀的抑制性能。

实验方法:用盐水与酸液的混合液模拟砂岩酸化过程中的离子环境,用碳酸钠调整溶液 pH 值环境,通过观察实验现象考察不同酸液配方抑制氟化物沉淀的性能。

盐水配方:2%KCl + 2%NaCl + 2%MgCl$_2$ + 2%CaCl$_2$。

酸液配方:土酸,12%HCl + 3%HF;多元酸 1$^\#$~6$^\#$,9%HCl + 3%HF + 3%A-x(x=1~6),其中 A-x 为有机膦酸的复配产品。

实验步骤:① 将酸液与盐水按体积比 1:1 混合(各取 20 mL),室温下观察现象(观察30 min);② 分别向各混合溶液中分多次加入等量的碳酸钠固体,对比观察现象(每次反应30 min观察)。

从实验现象(表 6-7)可以看出,土酸和多元酸 1$^\#$,3$^\#$,4$^\#$,5$^\#$,6$^\#$在前两次加入碳酸钠后溶液已出现浑浊和沉淀现象,而多元酸 2$^\#$直到第三次加入碳酸钠后才有微浑浊现象,说明复合膦酸产品 A-2 能够较好地吸附金属离子,抑制沉淀的生成。所以选择复合膦酸产品 A-2 作为高效缓速低伤害前置酸酸液体系的主剂。

表 6-7 氟化物沉淀实验现象(30 ℃)

酸 液		初次混合	第一次加入 2 g Na$_2$CO$_3$	第二次加入 0.5 g Na$_2$CO$_3$	第三次加入 0.5 g Na$_2$CO$_3$
土 酸		澄清	微浑浊	浑 浊	浑浊,沉淀
多元酸	1$^\#$	澄清	澄清	浑浊,沉淀	
	2$^\#$	澄清	澄清	澄清	微浑浊
	3$^\#$	澄清	浑 浊	浑浊,沉淀	
	4$^\#$	澄清	浑浊,沉淀		
	5$^\#$	澄清	澄清	浑浊,沉淀	
	6$^\#$	澄清	微浑浊	浑浊,沉淀	

（2）酸度特性实验。

高效缓速低伤害前置酸体系的缓速性能主要体现在酸液主剂的氢离子能够根据环境 pH 值的变化进行多级电离，室内对比评价了筛选出的酸液主剂 A-2 以及盐酸与氢氧化钠反应时 pH 值的变化情况。

实验方法：用 1 mol/L 的氢氧化钠溶液对配制的不同酸液进行滴定，测定滴定过程中酸液的 pH 值的变化情况，结果如图 6-6 和图 6-7 所示。

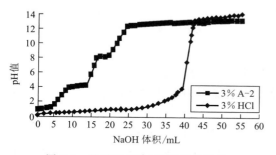

图 6-6　盐酸和 3％A-2 酸度曲线图

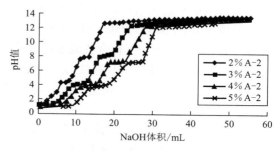

图 6-7　不同浓度的 A-2 酸度曲线图

由图 6-6 中 3％盐酸和 3％A-2 的酸度曲线对比情况得到，盐酸属于强酸，H^+ 处于完全电离状态，而 A-2 属中强酸，H^+ 未完全电离，所以盐酸溶液的 H^+ 浓度比 A-2 溶液高，溶液的初始 pH 值相应较低。在滴定过程中，盐酸溶液的 pH 值开始变化不大，当达到滴定终点附近时溶液的 pH 值迅速增大至碱性，而 A-2 溶液 pH 值从酸性到碱性的变化较平缓，说明 A-2 随着 H^+ 的消耗会逐渐再电离 H^+，而盐酸不会再有 H^+ 电离出来，由此也证明了 A-2 具有良好的缓速性能。

从图 6-7 中不同浓度的 A-2 溶液酸度情况对比可以看出，初始 pH 值差别不大，A-2 浓度越高，最终能释放的 H^+ 量越大，溶液的缓冲效果也越好。同时室内考察了酸液主剂在不同温度下电离氢离子的情况。实验方法同样是用 1 mol/L 的氢氧化钠溶液在不同温度下滴定 A-2 溶液，并算出酸液浓度，实验结果如图 6-8 所示。

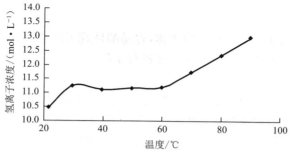

图 6-8　不同温度 A-2 溶液氢离子测定实验

从实验数据可以看出，温度对 A-2 的氢离子电离有较大影响。当温度从 20 ℃升高到 30 ℃以及温度高于 60 ℃时，氢离子浓度有较大幅度的增加，说明在该温度段 A-2 活性较高，可以激发出更多的氢离子；而温度在 30～60 ℃之间时，氢离子浓度变化不大，说明没有足够的能量激发下一级氢离子的电离。以上实验结果表明,对于温度较高的储层,虽然酸岩反应速度增加,氢离子消耗较快,但 A-2 能够电离更多的氢离子保证反应的持续进行,实现深部酸化的目标。

2)酸液剂 B 的开发

高效缓速低伤害前置酸酸液副剂为能逐步电离氟离子的化合物。室内对几种含氟的化合物进行了复配,并研究了复配产品与石英的反应情况。实验中适当降低了酸液浓度,有利于实验过程中对反应的控制和取得较准确的数据。

酸液配方:土酸,6%HCl+2%HF;多元酸 $1^{\#} \sim 4^{\#}$,3%HCl+3% A-2+3%B-x($x=1$,2,3,4),其中 B-x 为含氟化合物的复配产品。

实验步骤:① 用 20 mL 酸液与一定量的石英粉末进行反应,反应时间分别为 10,30,60,90,120,180,240 min;② 到达反应时间后,用蒸馏水洗涤至中性并过滤烘干,称量,算出溶蚀率。

由实验结果图 6-9 可以看出,四个多元酸在 2 h 内溶蚀率比土酸低,但 2 h 后的溶蚀率仍有大幅度增加,且溶蚀时间超过 3 h 后它们的溶蚀率超过了土酸,说明四个多元酸具有良好的缓速性能。通过对比,四个多元酸中含 B-3 的 $3^{\#}$ 酸液缓速性能最好,且最终对石英的溶蚀率最高,所以选择 B-3 作为高效缓速低伤害前置酸酸液体系的副剂。

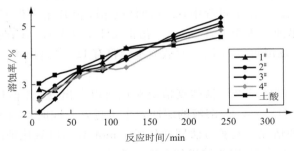

图 6-9　石英溶蚀实验

3)酸液配方研究

酸液类型和酸液浓度是酸岩反应的主体,也是酸液配方的主要成分,室内对高效缓速低伤害前置酸体系的基本用酸类型和用酸强度进行了研究。

(1)酸液类型优选。

盐酸是砂岩酸化中常用的酸液类型,具有酸性强、对储层污染小、成本低、货源广等优点。盐酸不但能溶解碳酸盐矿物,还能提供足够的酸强度,保持反应过程中所需的酸环境,防止酸浓度降低产生沉淀。所以选择盐酸作为高效缓速低伤害前置酸的主要酸液类型。

对于存在盐酸酸敏性的储层,高浓度的盐酸含量可能对储层造成较大的伤害,酸液配方中可以降低盐酸浓度,用磷酸和甲酸的多元混合酸作为替代。磷酸是三元中强酸,在酸液体系中除具有磷酸体系的优点外还能够提供足够的酸强度;甲酸是酸性较强的有机酸,对金属离子具有一定的络合效应,在酸液体系中具有延缓酸岩反应速度、稳定黏土以及抑制沉淀等好处。

（2）酸液浓度研究。

室内通过考察不同浓度的酸液对石英和岩屑的溶蚀情况，确定了高效缓速低伤害前置酸体系的基本用酸浓度。

① 不同浓度盐酸对石英的溶蚀实验。

酸液配方：$x\%$HCl＋3％A-2＋6％B-3（相当于 4％的 HF 含量）。

由实验结果（图 6-10）可以看出盐酸质量分数在 9％～10％范围内酸液对石英的溶蚀率最大，所以选择 10％HCl 作为高效缓速低伤害前置酸主体酸的酸液强度。

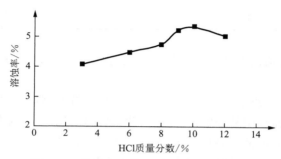

图 6-10　盐酸对石英的溶蚀实验（180 min）

② 岩屑溶蚀实验。

室内考察了不同酸液配方对岩屑的溶蚀率，实验用岩屑为 HA 长 8 储层的岩屑按质量比等比例混合后得到。实验中把磷酸和甲酸的混合酸用 HES 表示。

从实验数据（表 6-8）可以看出，岩屑的溶蚀率随酸液的质量分数升高而增加，当盐酸质量分数大于 6％后，岩屑溶蚀率增加较慢，说明岩屑中的碳酸盐成分已基本被溶解，所以选择 6％HCl 作为高效缓速低伤害前置酸的酸液强度。

表 6-8　岩屑溶蚀实验（180 min）

酸液配方	3％HCl	6％HCl	8％HCl	12％HCl	8％HES	10％HES	12％HES
岩屑溶蚀率	6.7％	11.2％	12.8％	14.2％	7.6％	10.1％	11.9％

对于盐酸酸敏性储层，前置酸中可以用复合酸 HES 代替盐酸，10％～12％的 HES 对岩屑的溶蚀率与 6％的盐酸相当，但高磷酸含量会造成磷酸钙的沉淀，且成本增加较多，所以选择 10％HES 作为盐酸酸敏性储层前置酸的酸液强度。

4）辅助添加剂的优选

酸液中辅助添加剂的作用在于防止过度腐蚀，防止形成酸渣和发生乳化，防止铁沉淀，助排，稳定黏土等。室内对高效缓速低伤害前置酸体系中主要的辅助添加剂进行了优选。

（1）缓蚀剂。

酸液中最重要、最常用的辅助添加剂是缓蚀剂，其主要作用是减缓酸液对油套管等井下设备及其酸化施工设备腐蚀的化学物质。长庆油田主力油层的温度较低，基本在 60 ℃以下，现用的多种缓蚀剂产品均能满足现场要求，室内按照石油天然气行业标准《酸化用缓蚀剂性能试验方法及评价指标》(SY/T 5405—1996)对长庆地区常用的几种缓蚀剂产品进行了静态腐蚀实验,实验结果见表 6-9。

表 6-9　静态腐蚀实验

酸液配方	缓蚀剂	温　度	腐蚀速率	是否有点蚀
12%HCl+3%HF	0.5%HJF-94	60 ℃	1.90 g/(m² · h)	否
	0.5%YHS-2		2.34 g/(m² · h)	否
	0.5%SD-820		2.88 g/(m² · h)	否

由实验结果看出缓蚀剂 HJF-94 对试片的腐蚀速率最小,缓蚀性能相对较好。

(2)黏土稳定剂。

一般认为酸液中的氢离子能够与黏土矿物离子发生置换,具有一定的黏土防膨效果,但最新研究表明,黏土在盐酸中易分解,对储层产生伤害,而醋酸虽不会使黏土分解,但仍会产生黏土膨胀,所以需要在酸液体系中加入黏土稳定剂。室内评价了常用的有机和无机两种类型的黏土稳定剂的黏土防膨性能,实验结果见表 6-10。

表 6-10　黏土防膨实验

黏土稳定剂	质量分数	防膨率
COP-1	2%	81.7%
G511-NWJ	2%	86.2%
KCl	1%	91.6%
	2%	94.9%
	3%	97.8%
NH₄Cl	1%	91.4%
	2%	95.3%
	3%	98.1%

由实验结果得到,无机黏土稳定剂具有用量少、黏土防膨率高和成本低等特点,所以酸液体系中选择无机黏土稳定剂。另外,含氢氟酸体系中加入 K⁺ 在反应过程中易产生沉淀,加入氯化铵可避免此类问题。为了尽量降低黏土矿物的溶解与膨胀,高效缓速低伤害前置酸体系中加入 2% 的氯化铵作为黏土稳定剂,其黏土防膨率可达到 95.3%。

(3)铁离子稳定剂。

在酸化过程中,酸液极易溶解油、套管上的铁锈和金属铁,也容易溶蚀地层中的含铁矿物,如黄铁矿(FeS_2)、菱铁矿($FeCO_3$)和绿泥石[$FeAl_6(SiO_4O_{10})(OH)_8$]等。溶解下来的铁先以溶解状态保留在残酸溶液中,当残酸 pH 值上升时,铁离子的溶解度下降,生成氢氧化铁沉淀。沉淀下的 $Fe(OH)_3$ 胶体会严重堵塞酸化作业新打开的流动通道及储层的孔喉,降低酸化效果。

酸液中使用的铁离子稳定剂产品较多,室内按照《酸化用铁离子稳定剂性能评价方法》(SY/T 6571—2003)在 60 ℃下评价了几种铁离子稳定剂的络合铁离子性能,见表 6-11。

表 6-11　不同铁离子稳定剂性能

铁离子稳定剂	0.1%CA	0.1%HAC	0.1%异 Vit C	0.1%NTA	0.1%EDTA
稳定铁离子能力 /(mg · L^{-1})	136	48	217	157	153

从表中数据可看出异 Vit C 稳定铁离子能力较好,但成本相对较高。结合长庆地区酸化实践经验,0.1%NTA 和 0.1% 的 CA(柠檬酸)即可满足要求,但 NTA 的溶解性不太好,因此选择 0.1%CA 作为铁离子稳定剂。

(4) 破乳剂。

为了防止酸液与储层流体产生乳化现象,使残酸能够顺利返排,酸液体系中需要加入破乳剂。室内对长庆地区常用的几种破乳剂进行了脱水实验,实验结果见表 6-12。实验用油样为长庆地区某储层新鲜原油,样品实验质量分数均为 0.1%。

由实验结果(表 6-12)可以看出,破乳剂 G503-PRJ 在相同破乳温度和破乳时间下,脱水率均较大,且在较低破乳温度下仍有较高的脱水率,说明 G503-PRJ 破乳剂具有较好的破乳性能。

表 6-12　破乳剂脱水实验

温度/℃	破乳剂	不同时间脱水率/%		
		30 min	60 min	90 min
常温	G503-PRJ	86.5	91.4	94.6
	BE-2	82.9	88.6	92.5
	CX-307	61.6	73.2	88.6
60	G503-PRJ	89.2	92.8	95.2
	BE-2	84.7	90.5	93.5
	CX-307	80.9	88.6	92.5

(5) 助排剂。

酸化施工结束后要求残酸能够尽可能地快速返排出来,助排剂的加入能够降低液体的表/界面张力,从而降低流体的毛管阻力,提高残酸的排液效率。室内用 K100 表/界面张力仪对在长庆油田常用的几种助排剂进行了性能测试,实验结果见表 6-13。

从实验结果可以看出 G518-XZ 能够较大幅度地降低溶液的表/界面张力,具有较好的助排性能。

表 6-13　不同助排剂性能比较

温　　度	样品型号	检测项目	助排剂质量分数			
			0.1%	0.3%	0.5%	0.7%
室　温	G518-XZ	表面张力/(mN·m^{-1})	30.91	26.47	25.86	25.31
		界面张力/(mN·m^{-1})	1.81	0.38	0.31	0.27
	CX-307	表面张力/(mN·m^{-1})	32.17	30.59	29.78	29.32
		界面张力/(mN·m^{-1})	2.34	1.03	0.89	0.80
	CF-5C	表面张力/(mN·m^{-1})	34.01	30.23	29.45	28.96
		界面张力/(mN·m^{-1})	2.87	1.02	0.92	0.87
60 ℃	G518-XZ	表面张力/(mN·m^{-1})	29.89	25.38	24.89	24.07
		界面张力/(mN·m^{-1})	1.25	0.30	0.26	0.21
	CX-307	表面张力/(mN·m^{-1})	30.59	29.46	28.76	28.17
		界面张力/(mN·m^{-1})	2.03	0.95	0.83	0.78
	CF-5C	表面张力/(mN·m^{-1})	32.42	29.31	28.58	27.99
		界面张力/(mN·m^{-1})	2.20	0.96	0.89	0.76

（6）互溶剂。

互溶剂是可与烃和水互溶的化合物。互溶剂在酸液体系中的应用有多方面的好处,在高效缓速低伤害前置酸体系研究中其主要作用为:

① 降低表面活性剂和缓蚀剂在地层的吸附,维持它们在溶液中所需的浓度。

② 帮助溶解被吸附的缓蚀剂和酸不溶物(酸化用缓蚀剂含有少量酸不溶物,它们会堵塞孔喉;缓蚀剂吸附在地层矿物表面会改变润湿性)。

③ 溶解地层孔隙表面的任何油组分。

常用的最有效的互溶剂为乙二醇丁醚,使用质量分数 0.5% 的乙二醇丁醚即可满足高效缓速低伤害前置酸体系的要求。

5）高效缓速低伤害前置酸酸液体系评价

根据以上研究成果,结合储层特点,形成高效缓速低伤害前置酸酸液配方。

HA 三叠系延长组长 8 储层的岩矿组分中黏土矿物含量较高,对酸液敏感性较强,需要对酸液基本配方进行一定的调整。首先,在保证一定溶蚀性能的条件下,适当降低酸液浓度或改变酸液类型;其次,适度提高酸液主剂的浓度,并在前置酸中加入一定量的酸液主剂,以提高前置酸稳定黏土和抑制沉淀的性能;第三,通过适当降低酸液副剂的浓度来降低活性HF 的浓度,从而降低酸液与黏土的反应强度。

根据以上几点调整方案,结合前期实验研究结果,形成了酸敏性储层酸液配方。

前置酸:10%HES＋3%A-2＋3%HAC＋2%NH$_4$Cl＋0.3%G518-XZ＋

　　　　0.1%G503-PRJ＋0.5%HJF-94＋0.1%柠檬酸＋0.5%乙二醇丁醚

主体酸:8%HCl＋6%A-2＋3%B-3＋3%HAC＋2%NH$_4$Cl＋0.3%G518-XZ＋

　　　　0.1%G503-PRJ＋0.5%HJF-94＋0.1%柠檬酸＋0.5%乙二醇丁醚

室内将基本酸液配方中的前置酸、主体酸以及酸敏性储层酸液配方中的前置酸、主体酸分别依次取代号为 1#,2#,3# 和 4#,对这四个酸液配方进行了综合性能评价实验。

（1）体系稳定性能。

按四个酸液配方中酸液和添加剂的加量配制好溶液,分别在室温和 60 ℃条件下观察酸液的稳定性能,发现所有溶液配方放置 0.5,4,8,24 h 后均澄清无沉淀。

实验现象表明,各添加剂之间配伍性良好,四个酸液配方在常温和储层温度下具有较好的稳定性。

（2）缓蚀性能。

室内按照石油天然气行业标准《酸化用缓蚀剂性能试验方法及评价指标》(SY/T 5405—1996)评价了四个酸液配方的静态腐蚀性能。从实验结果(表 6-14)可以看出,四个酸液配方对 N80 钢片的腐蚀率均较小,能够满足现场施工要求。

表 6-14　静态腐蚀实验

酸液配方	温　度	腐蚀率/$(g \cdot m^{-2} \cdot h^{-1})$
1#		0.98
2#	60 ℃	1.15
3#		0.76
4#		1.04

（3）润湿性能。

一些入井液体体系特别是含有阳离子的液体体系注入地层后,在岩石表面吸附,且形成的吸附膜较难剥离,改变了储层的润湿性和储层流体的渗流条件,对采油造成不利影响。

实验分别考察了高效缓速低伤害前置酸体系的几个酸液配方在混苯和乙醇中的互溶情况。将酸液滴加到两种溶剂中的实验现象为:几个酸液在混苯中凝聚,在乙醇中分散。实验结果表明高效缓速低伤害前置酸酸液体系是水湿性质,不会对储层造成吸附伤害。

（4）破乳性能。

分别将按四个酸液配方配制的酸液与新鲜原油进行乳化,在 60 ℃下进行静态破乳实验。实验方法:在一定量的酸液中,按岩屑与酸液质量比 1∶10 加入地层岩屑,再加入油样,混合均匀后倒入具塞量筒中,在 60 ℃下静置观察,并记录不同时间乳化体系的脱水率。实验结果见表 6-15。

表 6-15　原油破乳实验

酸液配方	温　度	不同时间脱水率/%			
		10 min	30 min	60 min	120 min
1#		64.3	82.7	89.8	93.1
2#	60 ℃	59.8	80.4	87.3	90.2
3#		57.4	79.5	85.4	89.6
4#		58.5	81.2	88.6	91.5

注:酸油体积比为 1∶3,总体积为 80 mL。

实验结果表明高效缓速低伤害前置酸液体系与原油的破乳性能较好。

（5）抑制沉淀性能。

由于高效缓速低伤害前置酸体系中主体酸含 HF 成分，且基本酸液配方的主体酸含活性 HF 成分最高，所以室内评价了该酸液配方抑制氟化物沉淀的性能，评价方法与酸液主剂筛选实验相同。

从实验现象（表 6-16）可以看出，土酸在 pH 值到 2.0 时即开始产生沉淀，而高效缓速低伤害前置酸体系直到 pH 值为 4.7 时才开始出现少量沉淀，说明高效缓速低伤害前置酸体系能够在较高 pH 值环境下较好地抑制沉淀的产生。

表 6-16　氟化物沉淀实验现象（60 ℃）

酸液配方	盐水成分	混合比例	初次混合	第一次加入 2 g Na₂CO₃,反应 30 min	第二次加入 0.5 g Na₂CO₃,反应 30 min	第三次加入 0.5 g Na₂CO₃,反应 30 min
12%HCl+ 3%HF	2%CaCl₂ 2%MgCl₂ 2%NaCl 2%KCl	1:1	澄清	微浑	浑浊,沉淀	浑浊,沉淀
			pH=0.5	pH=2.0	pH=2.4	pH=2.7
2#			澄清	澄清	澄清	微浑
			pH=1.0	pH=3.1	pH=3.8	pH=4.7

（6）溶蚀和缓速性能。

室内考察高效缓速低伤害前置酸体系主体酸液对石英、岩屑和黏土矿物的溶蚀情况。

① 石英溶蚀实验。

分别评价了土酸（12%HCl+3%HF）、2# 酸液以及 4# 酸液配方对石英的溶蚀率。

从实验结果（图 6-11）可以得到两个方面的认识。首先土酸与石英在 90 min 内基本反应完全，而高效缓速低伤害前置酸对石英的溶蚀率开始较低，但随反应时间的增加呈持续增大的趋势，说明土酸体系中开始氢离子和氟离子浓度较高，酸性较强，与石英反应较快，酸液消耗也较快；而高效缓速低伤害前置酸体系是随着反应的进行和溶液酸度的变化逐步缓慢电离氢离子和氟离子，既保持酸液中有一定的活性 HF 浓度，也降低了酸岩反应速度，具有良好的缓速特性。其次，当反应时间为 240 min 时，4# 酸液对石英的溶蚀率已经接近土酸，而 2# 酸液对石英的溶蚀率已经超过了土酸，说明高效缓速低伤害前置酸体系溶蚀能力良好。

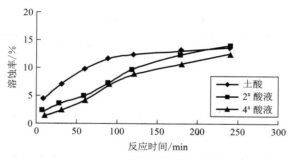

图 6-11　石英溶蚀实验（60 ℃）

② 岩屑溶蚀实验。

分别评价了土酸(12％HCl＋3％HF)、2#酸液以及4#酸液配方对储层混合岩屑的溶蚀率。

从实验结果(图 6-12)可以看出,土酸对岩屑的溶蚀率同样较高,且溶蚀较快,而高效缓速低伤害前置酸对岩屑的溶蚀率随反应时间的增加而缓慢增大,180 min 内的溶蚀率超过了30％,与土酸接近,说明高效缓速低伤害前置酸体系对岩屑的溶蚀能力和缓速性能也较好。

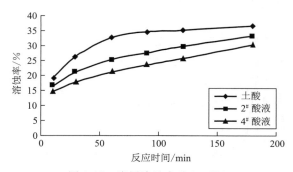

图 6-12　岩屑溶蚀实验(60 ℃)

③ 黏土溶蚀性能。

酸液对黏土矿物的溶蚀情况是影响酸化效果的重要因素,室内评价了土酸(12％HCl＋3％HF)、氟硼酸(9％HCl＋9％HBF$_4$)、2#和4#酸液对蒙脱土的溶蚀率。

由实验结果(图 6-13)得到,土酸体系与黏土的反应速度最快,溶蚀率也较高;氟硼酸体系能够一定程度地降低酸液对黏土的溶蚀率;而 2#和 4#酸液对黏土的溶蚀率远小于土酸体系,且比氟硼酸体系也要小很多,说明高效缓速低伤害前置酸体系可以有效抑制酸液与黏土的反应,减少活性酸的消耗,达到深部酸化的要求。

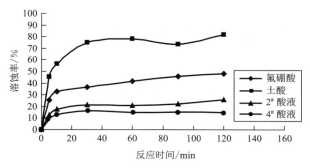

图 6-13　黏土溶蚀实验(60 ℃)

④ 酸度特性。

室内通过考察不同酸液与碳酸钙反应过程中氢离子的变化情况来评价高效缓速低伤害前置酸体系的酸度特性。

实验方法:将碳酸钙与酸液按 1∶20 的质量体积比混合,并开始计时,到设计时间时取小样 1 mL 反应的液体,取样之后立即用蒸馏水冷却,用标定好了的氢氧化钠溶液滴定取样液体的氢离子浓度。实验采用平行取样,实验温度 60 ℃,实验用酸液分别为 15% HCl,12% HCl+3% HF,2# 酸液和 4# 酸液。

实验结果(图 6-14)显示,15% 盐酸和土酸在与碳酸钙反应的过程中,随着反应的进行,H^+ 的浓度迅速降低;而 2# 酸液和 4# 酸液与碳酸钙反应过程中,H^+ 的浓度保持较高的水平,说明高效缓速低伤害前置酸在反应过程中消耗了氢离子,可以激发体系不断地电离出氢离子,使氢离子浓度可以保持基本恒定,具有较好的缓冲性能。

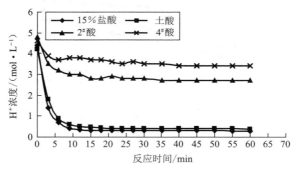

图 6-14 酸液与碳酸钙反应的 H^+ 浓度变化曲线

⑤ 岩心伤害实验。

室内通过岩心静态伤害实验进一步评价了酸液体系的储层适应性。实验用岩心为 HA 长 8 储层岩心。

实验程序:正向饱和标准盐水→正向驱 3% NH_4Cl 溶液测得渗透率 K_1 →反向驱前置酸 0.5 PV,驱主体酸 1 PV,伤害 2 h →正向驱 3% NH_4Cl 溶液测得渗透率 K_2,求出伤害率($1-K_2/K_1$)。实验温度 60 ℃,实验结果见表 6-17。

表 6-17 岩心伤害实验

酸液配方	层 位	区 块	岩心号	渗透率/(10^{-3} μm^2)	孔隙度/%	伤害率/%
前置酸:1# 主体酸:2#	长 8	HA305 井区	1#	0.224	7.34	−16.9
			2#	0.619	8.62	−6.3

由实验结果可以看出,高效缓速低伤害前置酸体系对长庆地区主要储层的岩心伤害结果均为改善,说明酸液体系的储层适应性良好。

6.3 水力压裂液性能评价与增效技术

6.3.1 增效剂实验

多功能增效剂 BM-B10 为含有机阳离子和非离子表面活性剂基团的低相对分子质量高聚物溶液,集助排、防膨、起泡和低伤害等功能于一体,能明显降低破胶液的表面张力,增大液体的返排能力,良好的防膨效果能降低储层伤害,生成的细小泡沫能降低压裂液在地层中的滤失,有效降低地层的水锁效应,把常规水基压裂液改造成超低伤害类清洁压裂液。

1)伤害性

将增效剂加入现场用压裂液中,进行岩心驱替实验,实验结果见图 6-15、图 6-16 及表 6-18。

由表 6-18 可知,增效剂的加入对岩心有一定的伤害,但与不添加增效剂的压裂液伤害性相比,岩心伤害率小很多,即添加增效剂后,压裂液对岩心的伤害率会降低。

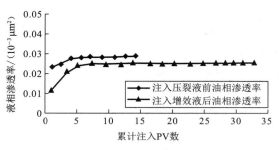

图 6-15　HA214-63-4 岩心注入增效剂的　　　　图 6-16　HA491-49A-4 岩心注入增效剂的
　　　　　压裂液后渗透率变化　　　　　　　　　　　　　压裂液后渗透率变化

表 6-18　增效剂伤害性实验结果

岩　心	孔隙度/%	渗透率/($10^{-3}\ \mu m^2$)	岩心伤害率/%
HA214-63-4	12.15	0.293	11.30
HA491-49A-4	12.87	0.649	19.99

2)单剂性能测试

对体积分数分别为 0.5% 和 1% 的增效剂 BM-B10 溶液进行了单剂性能测试,相关指标见表 6-19。

表 6-19　增效剂单剂性能测试

性能指标		表面张力 /(mN·m^{-1})	防膨率/%	起泡性能指标		
				起泡量/%	析液时间/s	半衰期/min
体积分数/%	0.5	23.9	57.57	240	80	30
	1	23.1	74.4			

从以上数据可以看出,增效剂在表面张力、防膨性能、起泡性能三方面,其性能基本已达到或者超过国内油田常用各添加剂单剂性能水平。

3)与长庆体系复配性能测试

根据前期的实验设计,以长庆压裂液体系为基础,对以下 8 组配方进行了性能测试。

① 基液:清水+(0.35%～0.4%)胍胶+0.5%助排剂+0.5%黏稳剂+0.1%杀菌剂+0.5%CJ2-6(胍胶)+0.5%CF-5D(助排剂)+0.5%COP-1(黏稳剂)+0.1%CJSJ-2(杀菌剂)+0.15%Na₂CO₃;交联剂:清水+(0.35%～0.4%)硼砂+0.4%过硫酸铵。

② 基液:清水+(0.35%～0.4%)胍胶+0.5%助排剂+0.5%黏稳剂+0.1%杀菌剂+0.5%BM-B10;交联剂:清水+(0.35%～0.4%)硼砂+0.4%过硫酸铵。

③ 基液:清水+(0.35%～0.4%)胍胶+0.5%黏稳剂+0.1%杀菌剂+0.5%BM-B10;交联剂:清水+(0.35%～0.4%)硼砂+0.4%过硫酸铵。

④ 基液:清水+(0.35%～0.4%)胍胶+0.5%助排剂+0.1%杀菌剂+0.5%BM-B10;交联剂:清水+(0.35%～0.4%)硼砂+0.4%过硫酸铵。

⑤ 基液:清水+(0.35%～0.4%)胍胶+0.5%助排剂+0.5%黏稳剂+0.5%BM-B10;交联剂:清水+(0.35%～0.4%)硼砂+0.4%过硫酸铵。

⑥ 基液:清水+(0.35%～0.4%)胍胶+0.5%BM-B10;交联剂:清水+(0.35%～0.4%)硼砂+0.4%过硫酸铵。

⑦ 基液:清水+(0.35%～0.4%)胍胶+0.75%BM-B10;交联剂:清水+(0.35%～0.4%)硼砂+0.4%过硫酸铵。

⑧ 基液:清水+(0.35%～0.4%)胍胶+1%BM-B10;交联剂:清水+(0.35%～0.4%)硼砂+0.4%过硫酸铵。

上述8个配方,其中1号配方为原长8储层压裂液体系空白配方,2号为加入增效剂后的增强配方,3号为无助排剂配方,4号为无黏稳剂配方,5号为无杀菌剂配方,6,7,8号为单加增效剂配方。

(1) 基液黏度测试。

使用 ZNN-D6S 型六速旋转黏度计分别在100 r/min 和300 r/min 测试上述8个压裂液样品,待稳定时记录结果,实验数据见表6-20。

表 6-20　黏度测试值表

序　号		1	2	3	4	5	6	7	8
黏度 /(mPa·s)	100 r/min	21	20	20	21	20	20	20	20
	300 r/min	34	34	33	33	33	33	33	33

由上表可知,加入增效剂后对原压裂液体系黏度值几乎无影响。

(2) 表面张力测试。

对上述8个压裂液配方的基液及破胶液进行表面张力测试,测试仪器为 HARKE-HA 智能全自动表面张力仪,实验结果见表6-21。

由表6-21可以看出,对于长庆体系基液及破胶液在加入增效剂后表面张力都有一定程度降低,如2号加入增效剂配方相对于1号对比配方基液及破胶液都要小于2～3 mN/m。3,4,5号压裂液配方在原体系少某一种组分的情况下,表面张力也有所降低。对于6,7,8号压裂液配方在只加增效剂的情况下,其表面张力值仍比空白配方要低,数值上说明增效剂可以取代原助排剂。

表 6-21　表面张力测试表

序　号		1	2	3	4	5	6	7	8
配方特点		空白配方	含增效剂	无助排剂	无黏稳剂	无杀菌剂	单加增效	单加增效	单加增效
表面张力/(mN·m⁻¹)	基　液	26.2	23.9	25.5	24.2	23.6	25.2	24.6	24.4
	破胶液	25.2	22.9	24.6	23.2	22.8	24.3	24.1	23.6

（3）防膨性能测试。

实验室对 8 组压裂液配方的破胶液进行了防膨性能测试，实验按 SY/T 5971—1994 中的离心法进行。首先称取 12 份 0.5 g 膨润土粉，精确至 0.01 g，装入 10 mL 离心管中，依次标定并加入 10 mL 液体，充分摇匀，在室温下静置 2 h，实验情况如图 6-17 所示。后装入离心机内，在转速为 1 500 r/min 下离心分离 20 min 后按照标准测定各样品的防膨率，破胶液防膨率见表 6-22。

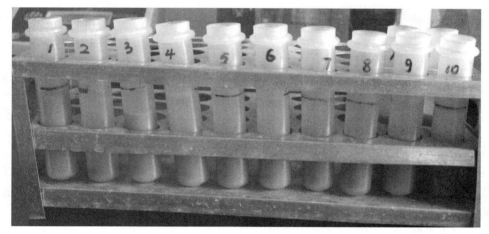

图 6-17　防膨率测试

表 6-22　防膨率测试表

序　号	1	2	3	4	5	6	7	8
配方特点	空白配方	含增效剂	无助排剂	无黏稳剂	无杀菌剂	单加增效	单加增效	单加增效
防膨率/%	47.29	75.16	67.36	50.64	65.57	47.66	51.81	57.59

由表 6-22 可以看出，在长庆压裂液体系基础上加入增效剂后对于防膨性能影响较大。如 2 号加入增效剂配方与 1 号空白配方对比防膨率要上升 59％ 左右，表明增效剂与空白配方的原防膨剂有较好的协同作用。3,4,5 号压裂液配方在原体系少某一种组分配方以及对于 6,7,8 号压裂液配方在只加增效剂的情况下防膨性能也要好于空白配方，说明在实验数值上增效剂在防膨作用方面可以取代原防膨剂组分。

（4）杀菌性能测试。

由于测试的长庆压裂液属于胍胶压裂液体系,配置好后如不加杀菌剂长期存放会产生压裂液变质、黏度下降的情况。由于增效剂有一定的杀菌功效,因此实验室对其进了相关测试。测试配方为:

① 基液:0.5％胍胶＋0.5％助排剂＋0.5％黏稳剂。

② 基液:0.5％胍胶＋0.5％助排剂＋0.5％黏稳剂＋0.1％杀菌剂。

③ 基液:0.5％胍胶＋0.5％助排剂＋0.5％黏稳剂＋0.5％BM-B10。

室温在28℃左右,取上述三种压裂液配方500 mL倒入玻璃烧瓶中,覆盖保鲜膜以防止长期放置水含量降低。实验数据见表6-23。

表6-23　杀菌性能测试表　　　单位:mPa·s

时间/h		0	24	48	72	96	240
1号配方	100 r/min	21	20	13.5	4.0	0.8	0.5
	300 r/min	34	34	21	7.5	2	2
2号配方	100 r/min	21	20	20	22	21	14.2
	300 r/min	34	34	33	34.5	33	25.1
3号配方	100 r/min	21	20	20	22	22	23
	300 r/min	34	34	33	35	35.5	36

由表6-23可以看出,1号空白配方在未加入杀菌剂条件下,放置两天就有所变质。2,3号对比样加入杀菌剂及增效剂后能显著增强体系抗菌能力,延长压裂液的有效使用时间,从2,3号对比来看增效剂的杀菌效果比杀菌剂要略好。说明在实验数值上增效剂在杀菌作用方面可以取代原杀菌剂组分。

（5）起泡性能。

对于现有常规胍胶压裂液体系,起泡性能均较弱,由于增效剂有一定起泡性能,因而实验测试了对长庆体系起泡性能的影响。实验分别量取1~8号破胶液100 mL,依次倒入混调器中,在3挡下压搅拌器搅动1 min,然后马上倒入量筒中观测起泡程度并记录泡沫衰减一半的时间。实验数据结果见表6-24。

表6-24　起泡性能实验数据表

序　号	配方特点	泡沫体积/mL	出现清液至50 mL所需时间/s
1	空白配方	180	30
2	含增效剂	200	20
3	无助排剂	165	10
4	无黏稳剂	185	60
5	无杀菌剂	180	10

序　号	配方特点	泡沫体积/mL	出现清液至 50 mL 所需时间/s
6	单加增效	165	16
7	单加增效	170	16
8	单加增效	175	20

由表 6-24 可以看出,在长庆压裂液体系基础上加入增效剂后对起泡有一定影响,如:2 号加入增效剂配方与 1 号空白配方对比起泡体积上升 20 mL 左右,3,4,5 号压裂液配方在原体系少某一种组分配方以及 6,7,8 号压裂液配方在起泡性能方面与原体系差异不大。

6.3.2　纤维实验

本次实验对象为油田专用纤维 BF-2,可用于加砂压裂,也可用于纤维防砂等方面。当加入到压裂液中时能快速分散,产生超强的悬浮携砂能力和支撑剂固定能力,形成一种新型的纤维支撑剂加砂压裂工艺。

纤维支撑剂压裂工艺技术可以提高压裂液的悬砂能力,在低黏条件下也具有良好的悬砂能力,同时能抑制缝高过度延伸,使支撑剂在产层段饱填砂;提高支撑剂在人工裂缝中的固定强度,使一盘散沙变成一个有机的整体,大幅度提高临界出砂流速,从根本上预防支撑剂的失稳和回流出砂;有效防止碎屑小颗粒的运移和聚集,保持渗流通道的畅通和较高的长期导流能力。

实验以长庆压裂液配方为基础,重点考察纤维对长庆压裂液体系性能影响,观察压裂液加入纤维后的分散性、悬砂性能以及对原体系的破胶性能是否产生影响。首先按照以下三种配方配置压裂液,由于硼砂交联速度较快,不利于纤维实验,因此本实验改用长庆用有机硼交联剂 JL-1。

① 长庆空白基液:清水+(0.35%~0.4%)胍胶+0.5%助排剂+0.5%黏稳剂+0.1%杀菌剂;交联剂:清水+(0.35%~0.4%)硼砂+0.4%过硫酸铵;陶粒加量:30%。

② 纤维压裂液配方:清水+(0.35%~0.4%)胍胶+0.5%助排剂+0.5%黏稳剂+0.1%杀菌剂;交联剂:清水+(0.35%~0.4%)硼砂+0.4%过硫酸铵;陶粒加量:30%;纤维加量:0.5%。

③ 低成本纤维压裂液配方:清水+0.25%胍胶+0.5%助排剂+0.5%黏稳剂+0.1%杀菌剂;交联剂:清水+(0.35%~0.4%)硼砂+0.4%过硫酸铵;陶粒加量:30%;纤维加量:0.5%。

1)分散性能测试

主要测试纤维在胍胶含量为 0.5% 以及 0.25% 基液中的分散性能。实验量取上述配方的基液 200 mL 倒入封口瓶中,加入陶粒质量分数 0.5% 的 BF-Ⅱ纤维,手动搅拌 15 s 后,观察纤维分散性。实验过程中观察到压裂液中纤维自动地呈丝状均匀分散,无成团现象,无上浮、下沉现象,纤维能在压裂液中均匀分散这也是其具有良好悬砂性能的基础,实验现象如图 6-18 所示。

（a） （b）

图 6-18 纤维在胍胶含量为 0.25％（a）及 0.5％（b）基液中的分散性照片

2）悬砂性能测试

根据实验设计三个配方主要做了胍胶含量在 0.5％以及 0.25％的基液交联冻胶在加入纤维后对体系悬砂性能的影响。实验方法为量取 400 mL 基液转移至广口瓶中，先加入延迟交联剂，然后按照 30％的砂比加入中密度陶粒（粒径 0.425～0.850 mm，密度 1.90 g/cm³）以及 0.5％陶粒质量的纤维（预先经过手工分散），快速将称量好的陶粒及纤维同时加入广口瓶中，接着迅速上下左右摇晃密封的广口瓶使陶粒以及纤维在压裂液中混合均匀。将混合均匀后的悬砂压裂液静置，观察陶粒沉降情况。对比实验结果见表 6-25，实验过程照片如图 6-19 所示。

表 6-25 冻胶及加纤维后悬砂性能测试

时间 样品构成	500 mL 广口瓶中陶粒高度/cm					
	30 s	1 h	3 h	5 h	24 h	48 h
0.25％冻胶	9.9	8.2	4.6	3.0	2.5	2.5
0.25％冻胶＋纤维	9.9	9.6	8.5	7.9	6.0	4.2
0.5％冻胶	10.2	10.1	9.6	9.3	7.8	6.6
0.5％冻胶＋纤维	10.1	10.1	10.1	10.1	10.1	10.0

图 6-19（a）中从左至右分别为：0.25％冻胶、0.25％冻胶＋纤维、0.5％冻胶、0.5％冻胶＋纤维。

由图 6-19 可以看出，当胍胶含量较低时其悬砂能力有限，当其加入纤维后能够起到显著的协助携砂作用。因此，在加砂压裂施工时可以通过加入纤维起到降低胍胶含量的目的。

从图 6-20 可以看出，对于胍胶含量较高的压裂液组分，通过纤维加入能够进一步提高压裂液的悬砂能力，从而有利于提高压裂后期支撑剂在裂缝中的铺置效率，形成良好的沉降剖面。

（a）纤维冻胶悬砂液刚混合时　　　　　　　（b）0.25％冻胶组分不加纤维（左）与加入纤维

24 h 后（右）对比照片

图 6-19　实验过程照片

图 6-20　0.5％冻胶组分不加纤维（左）与加入纤维 60 h 后（右）对比照片

3）纤维压裂适应性评价

通过以上研究可知纤维与现场用压裂液具有较好的配伍性，能显著提高压裂液携砂等性能。以下结合现场纤维压裂效果分析纤维压裂在 HA 长 8 储层的适应性。

通过资料统计，现场实施纤维压裂井有三口，分别为 HA517-72，HA514-65，HA516-71，各井缺少生产资料，现统计试油资料见表 6-26。

由表 6-26 可知，HA517-72 井、HA516-71 井试油后日产油 19.5 m^3，但仍没有达到投产条件。分析其原因可能是部分井位于构造边部，物性稍差，导致试采效果不理想。同时，纤维压裂工艺及压裂材料也是影响措施效果的重要因素，对现场纤维压裂工艺及现场在用纤维压裂材料进行进一步分析评价，之后选择有利含油区带进行纤维压裂先导实验。

表 6-26 现场纤维压裂井效果统计

井 号	层 位	油层/m	电阻率/(Ω·m)	声波时差/(μs·m⁻¹)	孔隙度/%	渗透率/(10⁻³ μm²)	含油饱和度/%	泥质/%	砂量/m³	日产油/m³
HA517-72	长 8¹	19.3	53.70	222.08	10.66	1.85	61.17	14.15	50	19.5
HA516-71	长 8¹	30.4	31.81	226.46	11.48	1.53	56.85	17.76	65	19.5
HA514-65	长 8¹	8.2	58.29	217.69	9.85	1.1	56.47	13.41		

6.3.3 线性类泡沫压裂液实验

类泡沫压裂液是一种介于常规水基压裂液和泡沫压裂液之间的新型压裂液配方,具有突出的生热、升压、降滤失、破胶迅速彻底及增能助排等能力,可降低对储层的伤害,并完全利用现有的常规压裂设备进行施工,成本只有泡沫压裂的 20% 左右,与液氮拌注相近,是一种技术经济、综合效益较为理想的新型压裂液体系。

此次实验以长庆压裂液配方为基础,引入起泡剂、酸性液,考察其起泡能力及流变性、破胶液相关性能,看引入的起泡体系是否与长庆压裂液体系相适应。

实验测试基础配方:

① 基液:清水 + 0.03% Na_2CO_3 + 4.9%BP-GA(自动起泡剂)+ 6.3%BP-GB(自动起泡剂)+(0.35%～0.4%)胍胶 + 0.5% 助排剂 + 0.5% 黏稳剂 + 0.1% 杀菌剂。pH 值 6.5～7,按顺序加入添加剂。

② 酸性液:清水 + 4% 缓蚀剂 + 4%BP-H2(专用催化剂)+ 专用交联剂(交联状类泡沫压裂液)。将基液和酸性液按照给定配方配制好以后按 10∶1 混合,随即测定得到的类泡沫压裂液性能。

1)腐蚀性

将基液、酸性液混合后,立即放入准备好的标准 N80 钢片,然后置于 60 ℃的恒温水浴锅进行腐蚀实验。实验结果表明,基液与酸性液混合形成的压裂液 2 h 平均腐蚀速率为 2.55 g/(m²·h)、4 h 平均腐蚀速率为 2.38 g/(m²·h),压裂液腐蚀性低(表 6-27),现场应用不需要担心腐蚀问题。

表 6-27 类泡沫压裂液的腐蚀性实验结果

序 号	N80 钢片编号	温度/℃	2 h 后腐蚀速率/(g·m⁻²·h⁻¹)	4 h 后腐蚀速率/(g·m⁻²·h⁻¹)	腐蚀后钢片
1	151#	60	2.43	2.21	表面光亮平滑,无点蚀或坑蚀现象
2	173#	60	2.65	2.44	
3	155#	60	2.57	2.48	
	平均值		2.55	2.38	

2）流变性

压裂液流变评价不仅可以较直观、准确地反映压裂液黏度变化情况，从黏度变化也可以推测其携砂性及摩阻性能。使用德国产流变仪 RS600 模拟地层温度和施工剪切情况，评价类泡沫压裂液配方流变性能。

实验技术条件：先在 511 s^{-1}剪切 3 min，之后在 170 s^{-1}剪切至实验结束。由流变曲线（图 6-21）可见，60 ℃温度下加入 200 ppm（1 ppm＝1 mg/L）破胶助剂后，压裂液 40 min 后黏度保持在 50 mPa·s，同时在针对不同地层时还可通过减少破胶助剂用量来延长高黏时间，实现更大加砂规模，提升压裂改造的效果。

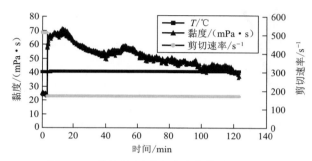

图 6-21　类泡沫压裂液流变曲线图（60 ℃）

3）伤害性

将基液与酸性液混合，加入破胶剂后立即放入流动实验装置中评价压裂液对岩心的伤害性。实验数据见表 6-28。在 40 ℃下按标准对该压裂液对岩心的伤害性进行了评价，压裂液平均伤害率 12.6％，较常规压裂液的伤害性弱。

表 6-28　压裂破胶液对岩心伤害实验数据

岩心号	伤害前液体渗透率 /($10^{-3}\mu m^2$)	伤害时间/h	伤害后液体渗透率 /($10^{-3}\mu m^2$)	伤害率/%	伤害程度
HA491-49A-5	0.573	1.5	0.494	13.8	弱
HA499-47-5	0.436	1.5	0.386	11.4	弱

4）滤失性

与泡沫压裂液类似，类泡沫压裂液反应生成的微泡沫具有类似粉砂的降滤失效果，但不会造成裂缝壁面伤害和裂缝导流能力伤害，实验测量其滤失系数小于 1.75×10^{-4} m/min$^{0.5}$，压裂液抗滤失性强，能有效降低对地层的侵入伤害。同时其滤液也能自动生热增压、产生气泡降低静液柱压力自动返排到地面，能起到比液氮拌注更好的增能助排效果。

5）增压能力

压裂液增压是该类泡沫压裂液最重要特征之一。该类泡沫压裂液增压原因在于生热反应生成大量气体、气泡受环境条件限制，体积膨胀受压缩，从而对外形成高压状态。

该增压能力评价装置密封性良好,从图 6-22 可见,该压裂液配方在室温密封条件下增压幅度可达 40 MPa,增压能力极为突出,并且总的增压时间可达 10 h 以上,对压裂液返排具有非常好的增能助排作用。如果考虑地层条件下储层具有较高的温度,而温度越高气体体积膨胀越大,不考虑裂缝延伸及压裂液滤失的影响,地层中增压能力肯定超过 40 MPa。

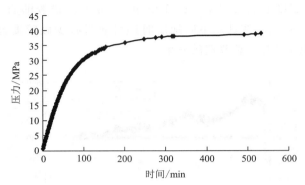

图 6-22　泡沫压裂液在室温条件下的增压能力图

6.3.4　各单剂复配性能实验

1) 增效剂与纤维复配

以长庆压裂液配方为基础,考察增效剂与纤维在长庆压裂液体系中的复配性能。

实验配方:0.20%胍胶+0.5%BM-B10+0.20% Na_2CO_3;

交联剂:清水+(0.35%~0.4%)硼砂+0.4%过硫酸铵;

纤维加量:0.5%。

通过实验观察此体系中两个主要成分配伍性良好,不会产生不良影响。因此压裂液成破胶后的性能可参照实验配方为 0.20%胍胶+0.5%BM-B10+0.20% Na_2CO_3 的数值。

2) 类泡沫压裂液体系与增效剂复配

实验以长庆压裂液配方为基础,考察增效剂与类泡沫压裂液有效成分在长庆压裂液体系中的复配性能。体系配方如下。

① 基液:清水+ 0.03% Na_2CO_3 + 4.9%BP-GA(自动起泡剂)+ 6.3% BP-GB(自动起泡剂)+0.5%BM-B10。pH 值 6.5~7,按顺序加入添加剂。

② 酸性液:清水+ 4%缓蚀剂+ 4%BP-H2(专用催化剂)。pH 值 2~3,酸性液用酸罐配制,按顺序加入添加剂。

对此压裂液体系的性能测试,交联状类泡沫压裂液体系中加入增效剂后,不会对起泡、成破胶产生影响,实验过程中起泡状态与上面类泡沫压裂液类似,在此不再赘述。

3) 三单剂复配性能实验

实验以长庆压裂液配方为基础,考察增效剂与类泡沫压裂液有效成分在长庆压裂液体系中的复配性能。体系配方如下。

① 基液:清水＋ 0.03％Na$_2$CO$_3$＋ 4.9％ BP-GA(自动起泡剂)＋ 6.3％ BP-GB(自动起泡剂)＋0.5％BM-B10。pH 值 6.5～7,按顺序加入添加剂。

② 酸性液:清水＋ 4％缓蚀剂＋ 4％BP-H2(专用催化剂)。pH 值 2～3,酸性液用酸罐配制,按顺序加入添加剂。

陶粒加量:30％;纤维加量:0.5％。

实验发现,以长庆体系为基础,在交联状增效类泡沫压裂液体系中加入纤维后,不会对起泡、成破胶产生影响,由于纤维的加入能够进一步提高体系的携砂能力,实验过程中起泡状态与前面类泡沫压裂液实验类似,在照片中观察不出纤维,因此不再添加图片说明。

第7章 复杂块状特低渗油藏高效注采工艺技术

储层改造是提高油藏开发的重要手段,但储层改造后储层的地质状况发生了变化,有可能造成现有注采工艺与储层地质的不适应,这对现有的注采工艺提出了更高的要求。在资料调研及分析的基础上,本章提出 HA 长 8 储层分注、分采合抽技术,研究了其技术适应性,并借助数模手段优化了该注采方式下的注采参数[129-143]。

7.1 分注、分抽合采工艺适应性

7.1.1 分层注水工艺技术油藏适应性

分层注水就是在注水井中利用封隔器将吸水能力不同的油层分成若干层段,采取不同的井下工作制度,按每个层段配注水量向地下油层进行注水。层段的划分和注水量分配,要以油层的地质特征和生产动态为依据,如油井分层测试资料、分层压力、含水率、原油产量和分层吸水能力等。分层注水是同井分层开采最主要的技术,也是分层测试、分层改造和分层堵水的基础。分层注水的主要作用是通过井下水嘴直径大小的调节,将井口相同的注入压力转换成井下不同渗透性层段的注水压力,控制高渗透层吸水,提高低渗透层的注水压力,增强其吸水能力,从而在一套系中适当调节了层间吸水差异,改善了注水效果。

HA 长 8 油藏属特低渗油田,长 8^2 储层渗透率分布为 $(0.05 \sim 6.35) \times 10^{-3}$ μm^2,平均渗透率 0.44×10^{-3} μm^2;长 8^1 储层渗透率分布为 $(0.05 \sim 8.09) \times 10^{-3}$ μm^2,平均渗透率 0.78×10^{-3} μm^2,为特低渗—超低渗储层。注水井平均单井配注仅 17 m^3/d。注水开发实践证明,低渗油田要保持长期稳产和较好的开发效益,没有一整套适合低渗油田特点的分层注水工艺配套技术是难以实现的,作为特低渗油田更是如此。HA 长 8 特低渗油田尽管配注量低,但由于其非均质性严重,层间矛盾大,必须进行分层配水,才能保证油田稳产。

HA 长 8 储层渗透率平均变异系数均大于 0.7,突进系数均大于 3,渗透率级差大,渗透率均质系数均小于 0.5,总体反映长 8 砂岩储层非均质程度强。单井如 HA56 井区 HA498-50 井,长 8^2 储层与长 8^1 储层之间渗透率最大差异达 1.63 $\times 10^{-3}$ μm^2;HA82 井区 HA207-60 井长 8^2 储层与长 8^1 储层之间渗透率最大差异达 2.45 $\times 10^{-3}$ μm^2。不论是从层内渗透率非均质性,还是单井长 8 储层层内的渗透率差异都说明对 HA 长 8 油藏层内矛盾突出的井采取分层注水是很必要的。

在平面非均质性方面,根据已有的统计数据可知:长 8_2^3 变异系数分布在 0.09～2.33,平均 0.81,变异系数大于 0.7 的样品数达 76.99％;长 8_2^2 变异系数分布在 0.12～5.34,平均 1.27,变异系数大于 0.7 的样品数达 68.26％;长 8_2^1 变异系数分布在 0.38～3.80,平均 1.08,变异系数大于 0.7 的样品数达 72.77％;长 8_1^3 变异系数分布在 0.24～1.83,平均 0.84,研究区大多数区域变异系数大于 0.7,频率达 66.04％;长 8_1^2 变异系数分布在 0.22～3.17,平均 1.07,变异系数大于 0.7 的样品数达 69.82％;长 8_1^1 变异系数分布在 0.18～1.80,平均 0.84,研究区大多数区域变异系数大于 0.7。总体反映出长 8 储层主要为强非均质性储层,局部砂体主带发育弱非均质储层。HA 长 8 储层的平面非均质性同样说明采取分层注水是很必要的。

7.1.2　分抽合采工艺技术油藏适应性

1) 分抽合采泵工艺原理

以两层分抽合采为例。为解决两层合采时产量比单采主力层时低的问题,可设计滑阀式分抽合采泵,通过封隔器将上、下油层隔开,上层液体通过上泵的滑阀开启进入泵筒,下层液体通过眼管进入下泵的球座吸入泵筒,上、下两层液体通过不同的进液通道进入泵筒,如图 7-1 和图 7-2 所示,原油经分抽合采泵后在油管内混合,沿油管上升到地面。

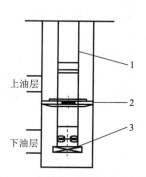

图 7-1　分抽合采泵实验管柱图

1—分抽合采泵;2—封隔器;3—眼管

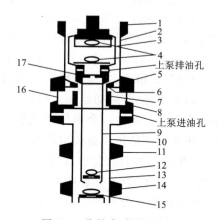

图 7-2　分抽合采泵原理图

1—上接箍;2—上泵筒;3—上泵柱塞;4—上泵游动阀;
5—对接箍;6—滑阀罩;7—滑阀;8—滑阀座;9—下泵柱塞;
10—下泵筒;11—连管接箍;12—下泵游动阀;13—连接管;
14—下接箍;15—下泵固定阀;16—滑阀外管;17—柱塞接头

滑阀式分抽合采抽油泵由上、下泵筒以及分别设置于上泵筒和下泵筒内的上、下泵柱塞组成。上泵柱塞的上、下两端头分别设置有上泵游动阀,下泵柱塞的上、下两端头分别设置有下泵游动阀,上泵柱塞和下泵柱塞通过柱塞接头连接为一体,柱塞接头中设置有上泵排油孔。

（1）上冲程时工作过程。

上泵工作过程：上泵游动阀在油管内液柱作用下关闭，柱塞总成上行，上泵筒与下泵柱塞间环形空腔变大，腔内压力变低，同时套在下泵柱塞上的滑阀在摩擦力和上层油层压力下与滑阀座分离上行至滑阀罩下端，上泵进液孔打开，完成汲液过程。

下泵工作过程：下泵柱塞内游动阀在油管内液柱作用下关闭，由于柱塞总成上行，下泵筒内空腔变大，腔内压力变低，当该腔内压力低于下层油层压力时，下泵固定阀打开，完成汲液过程。

（2）下冲程时工作过程。

上泵工作过程：由于柱塞总成下行，套在下泵柱塞上的滑阀在摩擦力作用下下行坐入滑阀座上，上泵进油孔关闭，上泵筒与下泵柱塞之间环形空腔变小，腔内压力升高，当该腔内压力高于油管液柱压力时，上泵游动阀打开，上泵液体排出。

下泵工作过程：由于下泵固定阀单流性关闭，柱塞总成下行，下泵筒空腔变小，腔内压力升高，当该腔内压力高于油管液柱压力时，下泵游动阀打开，下泵液体排出。

2）分层合采井产能分析

油田矿场上许多生产井都处于分层合采情形中，分层合采所引起的油藏工程问题常常令工程师们迷惑不解，诸如，在生产中两层合采时的产量有时远低于两层分采时的产量之和等，这有悖于人们的直观想象。研究层状油藏的不定常渗流特征有可能对某些工程问题做出切合实际的分析和解释，有助于选择合理的生产压差。Lefkovits 和 Kucuk 用解析方法研究了任意层数无层间窜流的合采系统压力动态。Bourder 计算了含井筒存储和表皮效应、拟稳态窜流的层状油藏的压力和压力导数曲线。Fetkovich 给出了分层合采系统产能分析的有关结论，他认为，如果多层合采过程中井底定压生产，则每层的生产能力将不受其他层影响。通过推导可知 Fetkovich 这一结论成立的条件是：层间无窜流且各层初始压力相等。王晓冬、刘慈群对层间无窜流、各层初始压力不相等情形展开了研究，给出了 n 层无穷延伸平面均质油藏层间无窜流、各层初始压力相等或不相等情形下油井井壁压力、各层层面流量的计算公式和计算方法。通过一个两层油藏的算例，采用 Stehfest 数值反演方法分别计算了油井定产和定压条件下储层层面流量的变化，给出了算例条件下各层初始压力不相等时"倒灌"量的变化曲线图。对于给定的油藏-油井系统，分层合采比分层分采是否增产主要取决于每层的初始压力对比情形，其影响则由每层的储能系数和渗透系数所控制。本节就针对层间无窜流、各层初始压力不等情形展开讨论，研究分抽合采产能。

对于 n 层无穷延伸平面均质油藏，取其中第 j 层的有关参数为无量纲化参考量，以 q_r 为参考流量，定义如下无量纲量：

第 j 层无量纲压力分布为：

$$p_{Dj} = \frac{\overline{Kh}(p_{Ji} - p_j)}{1.842 \times 10^{-3} q_r \mu B}$$

式中　p_{Dj}——第 j 层无量纲压力；

　　　K——渗透率，$10^{-3}\ \mu m^2$；

　　　h——油层深度，m；

　　　p_{Ji}——固定层面压力，MPa；

p_j——第 j 层压力,MPa;

q_r——参考流量,m^3/s;

μ——黏度,$mPa \cdot s$;

B——体积系数,%。

第 j 层无量纲初始压力、参考层面压力和参考层面流量分别为:

$$p_{iDj} = \frac{\overline{Kh}(p_{Ji} - p_{ij})}{1.842 \times 10^{-3} q_r \mu B}$$

$$p_{rsDj} = \frac{\overline{Kh}(p_{Ji} - p_{rsj})}{1.842 \times 10^{-3} q_r \mu B}$$

$$q_{Dj} = \frac{q_j(t)}{q_r}$$

式中　p_{ij}—— 第 j 层初始压力,MPa;

p_{rsj}—— 第 j 层参考层面压力,MPa;

$q_j(t)$——第 j 层随时间流量,m^2/s。

定产时无量纲油井井壁压力

$$q_{wD} = \frac{\overline{Kh}(p_{Ji} - p_w)}{1.842 \times 10^{-3} q_r \mu B}$$

定产时第 j 层无量纲层面压力

$$p_{sDj} = \frac{\overline{Kh}(p_{Ji} - p_{sj})}{1.842 \times 10^{-3} q_r \mu B}$$

定压生产时第 j 层无量纲压力分布

$$p_{Dj} = \frac{p_{Ji} - p_{ij}}{p_{Ji} - p_r}$$

式中　p_w—— 井底压力,MPa;

p_{sj}—— 生产时间第 j 层面压力,MPa;

p_r——参考压力,MPa。

定压生产时第 j 层无量纲层面压力

$$p_{iDj} = \frac{p_{Ji} - p_{rsj}}{p_{Ji} - p_r}$$

定压生产时第 j 层无量纲层面流量

$$q_{Dj} = \frac{1.842 \times 10^{-3} q_i(t) \mu B}{\overline{Kh}(p_{Ji} - p_r)}$$

定压生产时第 j 层无量纲参考层面流量

$$q_{rsDj} = \frac{1.842 \times 10^{-3} q_{srj}(t) \mu B}{\overline{Kh}(p_{Ji} - p_r)}$$

定压生产时无量纲油井产量

$$q_D = \frac{1.842 \times 10^{-3} q(t) \mu B}{\overline{Kh}(p_{Ji} - p_r)}$$

其他无量纲量

$$t_D = \frac{3.6\,\overline{Kh}t}{\overline{\varphi c_t h}\mu r_w^2}, \quad r_D = \frac{r}{r_w}$$

$$\overline{Kh} = \sum_{j=1}^{n}(Kh)_j, \quad \overline{\varphi c_t h} = \sum_{j=1}^{n}(\varphi c_t h)_j, \quad K_j = \frac{(Kh)_j}{\overline{Kh}}$$

$$\omega_j = \frac{(\varphi c_t h)_j}{(\varphi c c_t h)}, \quad \sum_{j=1}^{n}K_j = 1, \quad \sum_{j=1}^{n}\omega_j = 1$$

式中　K_j——第 j 层渗透率，$10^{-3}\,\mu m^2$；

　　　h_j——第 j 层油层厚度，m；

　　　φ_j——第 j 层孔隙度，%；

　　　c_{tj}——第 j 层总的压缩系数，MPa。

利用以上无量纲量给出描述层间无窜流的多层合采系统不定常渗流数学模型。

如图 7-3 所示，模型中假设各层之间有良好的非渗透隔层，各层的厚度、孔隙度、渗透率、表皮系数、地层压力、排油半径等参数可以不同，只发生井内窜流现象。

（1）数学模型。

在介质中心位置有 1 口合采井，或者保持常流量生产或者保持常生产压差生产。在通用的建模条件下，微可压缩流体的不定常渗流控制方程及定解条件可写为：

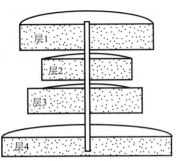

图 7-3　多层油藏开发物理示意图

$$k_j\left(\frac{\partial^2 p_{Dj}}{\partial r_D^2} + \frac{1}{r_D}\cdot\frac{\partial p_{Dj}}{\partial r_D}\right) = \omega_j\frac{\partial p_{Dj}}{\partial t_D} \quad (j=1,2,\cdots,n) \tag{7-1}$$

初值条件

$$p_{Dj}(t_D \to 0) = p_{iDj} \tag{7-2}$$

外边界条件

$$p_{Dj}(r_D \to \infty) = p_{iDj} \tag{7-3}$$

内边界条件

$$p_{Dj}(r_D = 1) = p_{sD}j(t_D) \tag{7-4}$$

$$\left(-k_j r_D\frac{\partial p_{Dj}}{\partial r_D}\right)_{r_D=1} = q_{Dj}(t_D) \tag{7-5}$$

（2）叠加解法。

本节所谓的叠加解法是：首先导出单层问题的解式和基本关系式，然后进行累加，最后根据内边界质量守恒关系确定多层问题的特解。

① 单层基本解式，首先给定 j 层层面定流量条件及初值

$$p_{iDj} = 0$$

$$q_{Dj} = 1$$

对式（7-3），（7-4），（7-5）进行 Laplace 变换，可求解得单层定产条件下的第 j 层层面压力 $\tilde{p}_{rsDj}(s)$ 公式为：

$$\tilde{p}_{\text{rsD}j}(r_{\text{D}},s) = \frac{b_0\sqrt{s\omega_j/K_j}}{sK_j\sqrt{s\omega_j/K_i}\,b_l\sqrt{s\omega_j/K_j}} \tag{7-6}$$

式中　b_0——第二类 0 阶修正 Bessel 函数；

　　　b_l——第二类 l 阶修正 Bessel 函数。

相应的，第 j 层层面定压条件

$$p_{\text{iD}j} = 0$$

$$p_{\text{sD}j} = 1$$

导出的层面流量 $\tilde{q}_{\text{rsD}j}(s)$ 表达式为：

$$\tilde{q}_{\text{rsD}j}(s) = K_j \cdot \frac{\sqrt{s\omega_j/K_j}\,b_l\sqrt{s\omega_j/K_j}}{sb_0\sqrt{s\omega_j/K_i}} \tag{7-7}$$

式(7-6)，(7-7)是解决问题的基础解式。显然，有如下关系式成立：

$$\tilde{q}_{\text{rsD}j}(s) \cdot \tilde{p}_{\text{rsD}j}(s) = \frac{1}{s^2} \tag{7-8}$$

此结果正是 Duhamel 原理的 Laplace 变换式。以下分别导出多层情形下井底定压及油井定产两种典型问题的解。

② 多层油藏中油井定产情形。

根据 Duhamel 叠加原理，对于第 j 层有如下关系式成立：

$$p_{\text{s}j}(t_{\text{D}}) = p_{\text{i}j} - \frac{B\mu}{2\pi Kh} \cdot \frac{\partial}{\partial t_{\text{D}}}\int_0^{t_{\text{D}}} q_j(\tau) \cdot p_{\text{rsD}j}(t_{\text{D}} - \tau)\mathrm{d}\tau \tag{7-9}$$

经无量纲化及 Laplace 变换，得出：

$$\tilde{p}_{\text{sD}j}(s) = \frac{1}{s}p_{\text{iD}j} + \tilde{q}_{\text{D}j}(s) \cdot s\tilde{p}_{\text{rsD}j}(s) \tag{7-10}$$

而给定油井定产内边界条件为：

$$p_{\text{sD}j}(t_{\text{D}}) = p_{\text{wD}}(t_{\text{D}})$$

$$\sum_{j=1}^{n} q_{\text{D}j} = \sum_{j=1}^{n}\left(-k_j \cdot r_{\text{D}}\frac{\partial p_{\text{D}j}}{\partial r_{\text{D}}}\right)_{r_{\text{D}}=1} = 1$$

利用内边界条件式对式(7-10)求关于 j 的累加和，有：

$$\tilde{p}_{\text{wD}}(s) = \frac{1 + \sum_{j=1}^{n} p_{\text{iD}j}(s\tilde{p}_{\text{rwD}j})^{-1}}{\sum_{j=1}^{n}(\tilde{p}_{\text{rwD}j})^{-1}} = \frac{1 + s\sum_{j=1}^{n} p_{\text{iD}j}\tilde{q}_{\text{rwD}j}}{s^2\sum_{j=1}^{n}\tilde{q}_{\text{rwD}j}} \tag{7-11}$$

用 Stehfest 数值反演算法解式(7-11)可得到生产井井壁压力降落曲线，而通过式(7-10)可进一步计算出单层产液量 $q_{\text{D}j}(t_{\text{D}})$。

③ 多层油藏中油井井底定压情形。

对于层面定压情形，式(7-9)可写成：

$$p_{\text{r}} = p_{\text{i}j} - \frac{B\mu}{2\pi Kh} \cdot \frac{\partial}{\partial t_{\text{D}}}\int_0^{t_{\text{D}}} q_j(\tau) \cdot p_{\text{rsD}j}(t_{\text{D}} - \tau)\mathrm{d}\tau \tag{7-12}$$

经无量纲化及 Laplace 变换，有：

$$\frac{1}{s}(1 - p_{iDj}) = \tilde{q}_{Dj}(s) \cdot s \, \tilde{p}_{rsDj}(s) \tag{7-13}$$

这时井底定压内边界条件为：

$$p_{sDj}(t_D) = 1$$

$$\sum_{j=1}^{n} q_{Dj} = \sum_{j=1}^{n} \left(-k_j \cdot r_D \frac{\partial p_{Dj}}{\partial r_D} \right)_{r_D=1} = q_D(t_D)$$

利用内边界条件对式(7-13)求关于 j 的累加和，并采用与油井定压条件相应的无量纲量，则总产液量为：

$$\tilde{q}_D(\tau) = \frac{1}{s^2} \sum_{j=1}^{n} \frac{1 - p_{iDj}}{p_{riDj}(s)} = \sum_{j=1}^{n} (1 - p_{rDj}) \, \tilde{q}_{rsDj}(s) \tag{7-14}$$

采用 Stehfest 数值反演算法，计算式(7-14)可得到油井产能变化曲线。显然，单层产液量可通过式(7-13)计算得到。

（3）算例。

HA 长 8 储层发育三叠系延长组长 8^1 和长 8^2 两套油层，有效厚度 15 m 左右，主要含油层位为长 8^1 油层，而从长 8^2 试采的情况看，没有单独建产的物质基础，因此，建议采用一套井网，两套储层共同开发。对 L91 和 L167 区块来说，从压裂试油情况看，这两个区块兼有侏罗系延 9 或延 10 层和三叠系长 8 层，而目前每口井只开采一个层，从而限制了区块的整体开发效果，油井分抽合采工艺是解决这一问题的有效手段。

应用上面建立的分抽合采产能模型计算长 8 和延 10 层分抽合采时的产能。其中，长 8 层位计算的基础数据如下：$p_e = 21$ MPa，$R_e = 350$ m，$K = 0.26 \times 10^{-3}$ μm^2，$r_w = 0.069\,9$ m，$s_w = 0.653\,2$，$\mu_o = 2.5$ mPa $\cdot$ s，$B_o = 1.2$ m³/m³，$\mu_w = 0.56$ mPa $\cdot$ s，$B_w = 1.0$ m³/m³，$p_{wf} = 13$ MPa，孔隙度 15%，模型原始含油饱和度 45%，地层原油密度平均 0.747 t/m³，储层有效厚度 $h_e = 15$ m；延 10 层地层压力 14 MPa 左右，平均渗透率 15×10^{-3} μm^2，孔隙度 15% 左右，含油饱和度 40% 左右，$R_e = 350$ m，$r_w = 0.069\,9$ m，$s_w = 0.653\,2$，$\mu_o = 2.5$ mPa $\cdot$ s，$B_o = 1.2$ m³/m³，$\mu_w = 0.56$ mPa $\cdot$ s，$B_w = 1.0$ m³/m³，地层原油密度平均 0.747 t/m³，储层有效厚度 $h_e = 10$ m。模拟计算结果如图 7-4 所示。

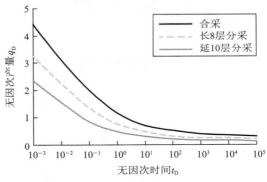

图 7-4 延 10、长 8 层分抽合采产能计算结果

7.2 HA 长 8 层注采参数优化

7.2.1 地质模型的建立

1）长 8 层

隆东地区长 8 储层发育三叠系延长组长 8^1 和长 8^2 两套油层，有效厚度 10 m 左右，主要含

油层位为长 8^1 油层,而从长 8^2 油层试采的情况看,没有单独建产的物质基础,因此,建议采用一套井网,两套储层共同开发。根据这种情况,建立长 8 层的模型的有效厚度为 15 m,根据相渗曲线原始的含油饱和度大约在 60%,长 8^1 油层平均孔隙度 10% 左右,平均渗透率为 $0.8 \times 10^{-3}\ \mu m^2$,长 8^2 油层平均孔隙度 16% 左右,平均渗透率为 $0.43 \times 10^{-3}\ \mu m^2$,另外根据菱形反九点井距 460 m,排距 150 m,地层压力 21.5 MPa,在 x 方向建立 90 个网格,y 方向建立 64 个网格,每个网格步长 10 m,裂缝长对角线方向即是 x 方向,地质模型如图 7-5 所示。

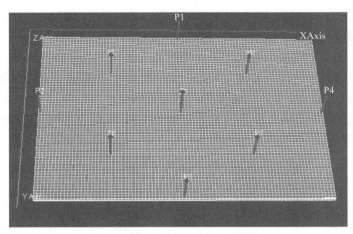

图 7-5　长 8 层典型井组地质模型

2）延 10 层

根据延 10 层每口井测井资料,延 10 层的含油层中深约在 1 700 m,根据已给数据资料 2 400 m 油层中深,地层压力是 21 MPa,因此通过数模换算,延 10 层的地层压力在 14 MPa 左右,平均渗透率约 $15 \times 10^{-3}\ \mu m^2$,孔隙度约 15%,含油饱和度约 40%,另外根据菱形反九点井距 460 m,排距 150 m,在 x 方向建立 90 个网格,y 方向建立 64 个网格,每个网格步长 10 m,裂缝长对角线方向即是 x 方向,地质模型如图 7-6 所示。

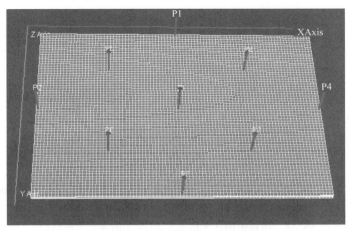

图 7-6　延 10 层典型井组地质模型

利用上述地质模型,在分层注水、分抽合采的情况下分别优选各主力小层注采参数。

7.2.2 长8层注采工艺参数优化

1) 长8层注采比优化

在最优的裂缝参数的基础上,设计注采比分别为 0.8,1.0,1.1,1.2,1.3,1.4 对注采比进行优选。目前地层压力 21 MPa,生产井定液量 0.3 m³/(d·m)生产,同时根据生产井限制了最低井底流压为 13 MPa,软件根据各口井各小层的吸水指数大小自动批分注水量,模拟计算 10 年。模拟计算结果如图 7-7~图 7-9 所示。

由表 7-1、图 7-10 可以看出随着注采比的增加采出程度先升高后下降,注采比为 1.0 时采出程度最大,因为在采液量一定时,当注采比大于 1 时,地层压力上升,含水率上升,因而采出程度下降。当注采比小于 1 时随着生产的进行地层压力下降,当达到 3 000 d 时地层转为 13 MPa 流压生产,由于压差降低和油水黏度比较大,因而产水较多,含水率最高,采出程度低。综合以上原因,所以最优注采比为 1:1。

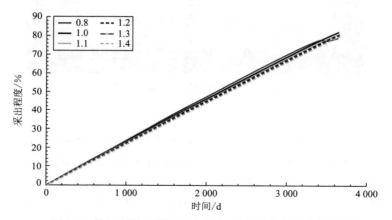

图 7-7　模拟不同注采比下生产 10 年的采出程度曲线图

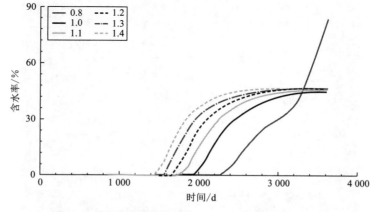

图 7-8　模拟不同注采比下生产 10 年的含水率曲线图

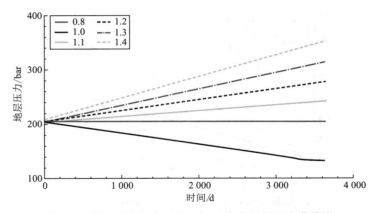

图 7-9 模拟不同注采比下生产 10 年的地层压力曲线图

表 7-1 长 8 层优选合理注采比

方 案	设计注采比	采出程度/%	含水率/%
1(目前压力)	0.8	7.91	85.21
2	1.0	8.22	43.06
3	1.1	8.15	45.35
4	1.2	8.09	46.16
5	1.3	8.04	47.09
6	1.4	7.99	47.78

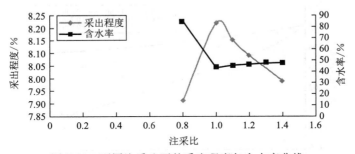

图 7-10 不同注采比下的采出程度与含水率曲线

2) 长 8 层采油速度的优化

在最优注采比为 1∶1 上,对 0.3,0.4,0.5,0.6,0.7,0.8 m³/(d·m)六种方案的采液速度进行优选,以确定合理的产液量,然后在此产液量模型的基础上计算采油速度。目前地层压力 21 MPa,定注采比为 1∶1 生产,同时生产井限制最低井底流压为 13 MPa,软件根据各口井各小层的吸水指数自动批分注水量,模拟计算 10 年。模拟计算结果如图 7-11~图 7-13 所示。

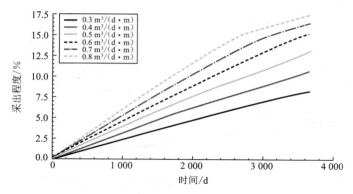

图 7-11　模拟不同采液速度下生产 10 年的采出程度曲线图

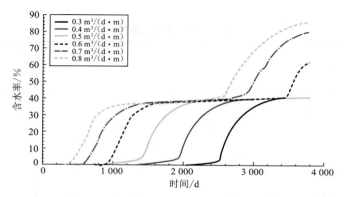

图 7-12　模拟不同采液速度下生产 10 年的含水率曲线图

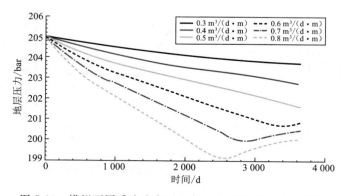

图 7-13　模拟不同采液速度下生产 10 年的地层压力曲线图

由图 7-14 和表 7-2 可以看出,随着采液速度的增加,采出程度增高,当采液速度达到或者大于 0.6 m³/(d·m)时含水率会突然上升,造成水的突破,这是低渗油田要避免的;另外采出量太大,压力也会下降,综合对比看出优选采液速度为 0.5 m³/(d·m),根据含水率计算得到采油速度大约为 0.26 m³/(d·m)。

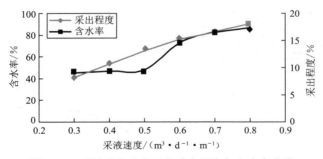

图 7-14　不同采液速度下的采出程度与含水率曲线

表 7-2　长 8 层优选合理采液速度

方　　案	采液速度 /(m³·d⁻¹·m⁻¹)	采出程度/%	含水率/%
1（目前压力）	0.3	8.22	45.06
2	0.4	10.66	46.67
3	0.5	13.09	47.96
4	0.6	15.20	73.05
5	0.7	16.46	83.17
6	0.8	17.37	90.68

3）长 8 层注水速度的优化

在最优采液速度 0.5 m³/(d·m)的基础上，对 1.2,1.4,1.6,1.8,2.0,2.2,2.4,2.6, 2.8 m³/(d·m)九种方案的注水速度进行优选，以确定合理的注入量。目前地层压力 21 MPa,生产井定采液速度生产,同时根据生产井限制了最低井底流压为 13 MPa,模拟计算 10 年。模拟计算结果如图 7-15～图 7-18 所示。

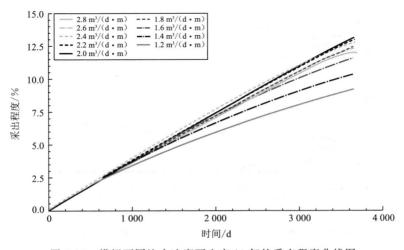

图 7-15　模拟不同注水速度下生产 10 年的采出程度曲线图

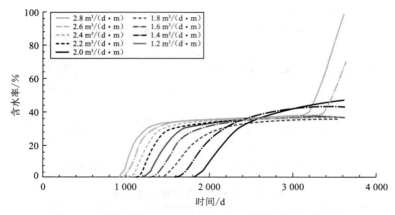

图 7-16　模拟不同注水速度下生产 10 年的含水率曲线图

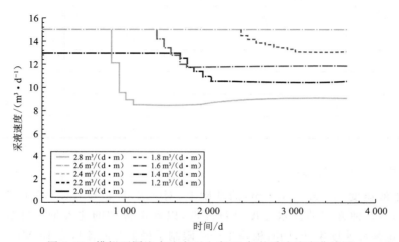

图 7-17　模拟不同注水速度下生产 10 年的采液速度曲线图

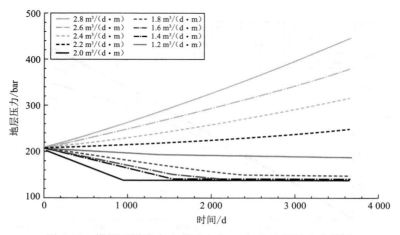

图 7-18　模拟不同注水速度下生产 10 年的地层压力曲线图

　　由表 7-3、图 7-19 可以看出随着注水速度的增加采出程度先升高后下降,注水速度为
2.0 m³/(d·m)时采出程度最大,因为在采液量一定时注水速度越大,地层压力上升越快,
当注水速度超过 2.2 m³/(d·m)时含水率上升更快,这是由后期水突破造成的,因而采出程
度下降。当注水速度小于 2.0 m³/(d·m)时再生产一段时间后地层压力下降,地层转为 13
MPa 流压生产,不再定液生产,产液量降低,并且由于压差降低和油水黏度比较大,因而产水
较多,含水率升高,采出程度下降。综上所述,注水速度优选为 2.0 m³/(d·m)。

表 7-3　长 8 层优选合理注水速度

方　案	注水速度 /(m³·d⁻¹·m⁻¹)	采出程度/%	含水率/%
1(目前压力)	1.2	9.21	44.54
2	1.4	10.36	42.75
3	1.6	11.57	39.73
4	1.8	12.76	37.87
5	2.0	13.12	35.94
6	2.2	13.05	36.22
7	2.4	12.92	48.14
8	2.6	12.66	73.51
9	2.8	12.31	99.80

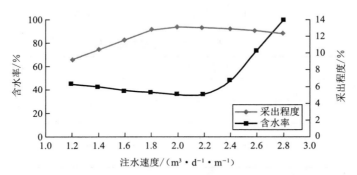

图 7-19　不同注水速度下的采出程度与含水率曲线

4) 长 8 层井底流压优化

　　在最优注水速度 2.0 m³/(d·m)的基础上,对 13,15,17,19 MPa 四种方案的井底流压
进行优选,以确定合理的井底流压。目前地层压力 21 MPa,生产井定流压生产,模拟计算 10
年,采出程度如图 7-20 所示。

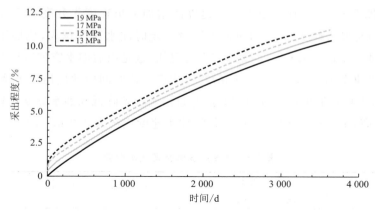

图 7-20　模拟不同井底流压下生产 10 年的采出程度曲线图

从图 7-21 和表 7-4 可以看出井底流压在 15 MPa 附近采出程度达到最大，因而该地质模型的最优井底流压为 15 MPa 左右。

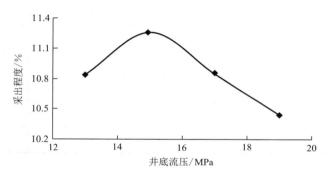

图 7-21　不同井底流压下模拟单元的采出程度

表 7-4　长 8 层优选合理井底流压

方　案	井底流压/MPa	采出程度/%
1（目前压力）	13	10.84
2	15	11.26
3	17	10.85
4	19	10.44

7.2.3　延 10 层注采工艺参数优化

1）延 10 层注采比优化

在最优的裂缝参数的基础上，设计了注采比分别为 0.8，1.0，1.1，1.2，1.3，1.4 六种方案，对注采比进行优选。目前地层压力 14 MPa，生产井定液量 0.5 m³/（d·m）生产，同时根据生产井限制了最低井底流压为 7 MPa，软件根据各口井各小层的吸水指数自动批分注水量,模拟计算 10 年。模拟计算结果如图 7-22～图 7-25 所示。

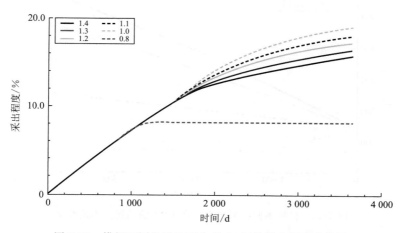

图 7-22 模拟不同注采比下生产 10 年的采出程度曲线图

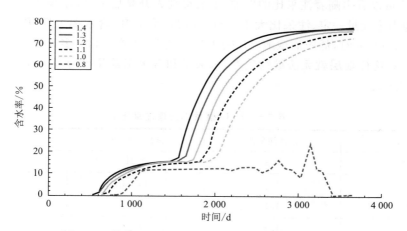

图 7-23 模拟不同注采比下生产 10 年的含水率曲线图

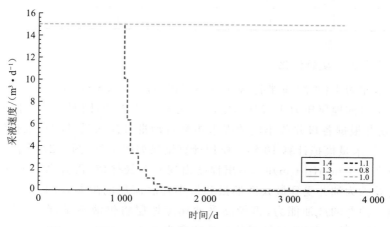

图 7-24 模拟不同注采比下生产 10 年的采液速度曲线图

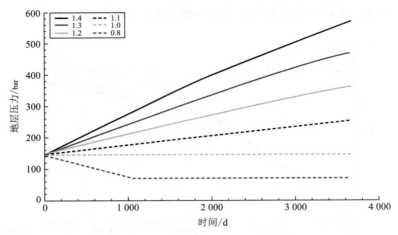

图 7-25　模拟不同注采比下生产 10 年的地层压力曲线图

由表 7-5 可以看出随着注采比的增加,采出程度先升高后下降,注采比为 1.0 时采出程度最大,因为当采液量一定、注采比大于 1 时,地层压力上升,含水率上升,因而采出程度下降。当注采比为 0.8 时,低压油藏地层压力下降迅速,当生产 1 000 多天就减小到设定的井底流压 7 MPa,这样地层就无法继续生产,采液量和含水率都几乎为零。综合以上原因,最优注采比为 1:1。

表 7-5　延 10 层优选合理注采比

方　案	设计注采比	采出程度/%	含水率/%
1(目前压力)	0.8	8.21	0
2	1.0	19.03	72.69
3	1.1	18.1	74.98
4	1.2	17.26	76.16
5	1.3	16.50	77.01
6	1.4	15.84	77.75

2)延 10 层采油速度的优化

在最优注采比为 1:1 的基础上,对 0.2,0.3,0.4,0.5,0.6 m³/(d·m)五种方案的采油速度进行优选。目前地层压力 14 MPa,定注采比为 1:1 生产,同时生产井限制最低井底流压为 7 MPa,软件根据各口井各小层的吸水指数自动批分注水量,同时,根据注水井吸水能力,限定注水井注水量模拟计算 10 年。模拟计算结果如图 7-26、图 7-27 及表 7-6 所示。

单井产量在 0.4 m³/(d·m)时,采出程度出现一个最佳值,再升高采油速度,采出程度开始下降。这是因为油井受到最大产油量和最小井底流压的限制,0.4 m³/(d·m)的采油速度已经达到了油井的产油能力,再提高采油速度地层将供液不足,降低最终水驱波及系数,造成开发指标下降。所以,区块最优采油速度为 0.4 m³/(d·m)。

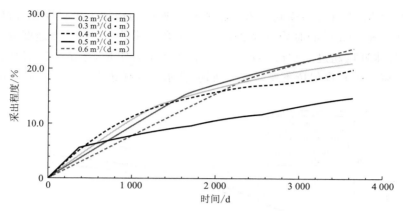

图 7-26　模拟不同采油速度下生产 10 年的采出程度曲线图

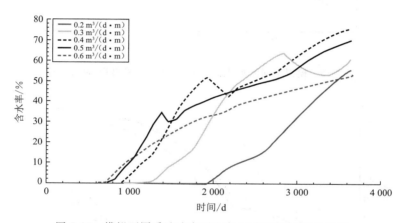

图 7-27　模拟不同采油速度下生产 10 年的含水率曲线图

表 7-6　延 10 层优选合理采油速度

方　案	采油速度/(m³ · d⁻¹ · m⁻¹)	采出程度/%
1(目前压力)	0.2	10.97
2	0.3	15.85
3	0.4	17.63
4	0.5	16.86
5	0.6	15.42

3）延 10 层注水速度的优化

在上述优化参数的基础上,结合生产 10 年的含水情况,定油井产液 1.0 m³/(d · m),对 3.0,3.5,4.0,4.5,5.0,5.5,6.0 m³/(d · m)七种方案的注水速度进行优选,以确定合理的注入量。目前地层压力 14 MPa,生产井定采液速度,同时根据生产井限制了最低井底流压为 7 MPa,模拟计算 10 年。

由图 7-28、图 7-29 和表 7-7 可以看出随着注水速度的增加采出程度先升高后下降,当注水速度为 4.0 m³/(d·m)时采出程度最大,因为在采液量一定时注水速度越大,地层压力上升越快,当注水速度超过 4.0 m³/(d·m)时含水率上升更快,这是由后期水突破造成的,因而采收率下降一定程度保持不变。综上所述,注水速度优选为 4.0 m³/(d·m)。

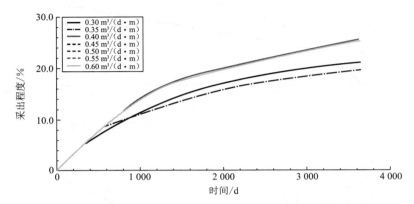

图 7-28 模拟不同注水速度下生产 10 年的采出程度曲线图

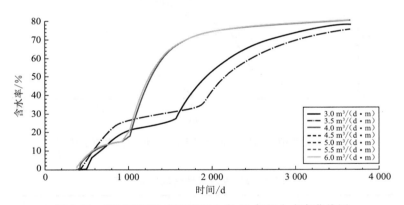

图 7-29 模拟不同注水速度下生产 10 年的含水率曲线图

表 7-7 延 10 层优选合理注水速度

方　案	注水速度/(m³·d⁻¹·m⁻¹)	采出程度/%
1(目前压力)	3.0	20.96
2	3.5	19.47
3	4.0	25.40
3	4.5	25.10
5	5.0	25.01
6	5.5	25.01
7	6.0	25.01

4）延 10 层井底流压优化

在最优注水速度 4.0 m³/(d·m)的基础上,对 2,3,4,5,6,7,8,9 MPa 八种方案的井底流压进行优选,以确定合理的井底流压。目前地层压力 14 MPa,生产井定流压,模拟计算 10 年,采出程度如图 7-30 所示。

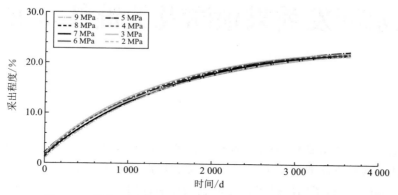

图 7-30　模拟不同井底流压下生产 10 年的采出程度曲线图

由图 7-31 和表 7-8 可以看出在井底流压 5 MPa 附近采出程度达到最大,因而该地质模型的最优井底流压为 5 MPa 左右。

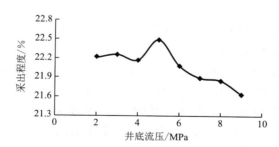

图 7-31　不同井底流压下模拟单元的采出程度

表 7-8　延 10 层优选合理井底流压

方　案	井底流压/MPa	采出程度/%
1(目前压力)	2	22.21
2	3	22.26
3	4	22.17
4	5	22.49
5	6	22.08
6	7	21.89
7	8	21.85
8	9	21.64

第8章　复杂块状特低渗油藏复合改造注水开发效果预测及关键技术展望

在前文储层改造技术研究、分注分抽合采技术研究的基础上,本章借助数模手段分别研究了在最优注采参数下高能气体压裂、水力压裂和燃爆诱导前置酸压裂方式对 HA 长 8 储层开发效果的影响,进行了储层燃爆诱导前置酸压裂改造注水开发配套技术整体效果预测与提高采收率潜力评价。

8.1　模型建立

模型的模拟区大小为 400 m×400 m,网格结点数为 40×40×4,注采井距为 460 m,排距 150 m,采用菱形反九点方式布井。

建立的地质模型如图 8-1 所示。在数模过程中水驱至一定程度后,分别模拟高能气体压裂、水力压裂和燃爆诱导前置酸压裂等储层改造措施。高能气体压裂模拟采取提高近井带渗透率方式;水力压裂模拟建立高渗透网络,模拟等效裂缝;燃爆诱导前置酸压裂模拟综合以上两种方式。模拟完储层改造后,按第7章优化出的注采工艺参数进行生产,对比

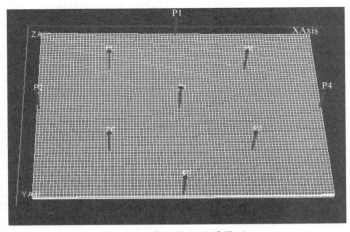

图 8-1　典型井组地质模型

各种储层改造措施采出程度情况。

8.2 开发指标对比

从图 8-2 可以看出,高能气体压裂、水力压裂和燃爆诱导前置酸压裂比储层改造前水驱采收率都有大幅度提高,最终采收率储层改造前为 23.87%,高能气体压裂后为 26.27%,水力压裂后为 27.57%,燃爆诱导前置酸压裂后为 30.27%。因此,三种储层改造方式中燃爆诱导前置酸压裂提高采收率效果最好。高能气体压裂后采收率低,主要是由于高能气体压裂储层改造规模有限,通常为 5～10 m,油水井连通情况得不到有效解决;单纯的水力压裂采收率低于燃爆诱导前置酸压裂,这主要是由于水力压裂后油水井易沟通,裂缝附近收效显著,但裂解加剧了储层非均质性,使远离裂缝的储层难以波及;燃爆诱导前置酸压裂不仅有效沟通了油水井,而且高能气体压裂在近井带产生的网络裂缝相当于增大了井眼半径,增加了泄流面积,所以提高采收率效果最好。

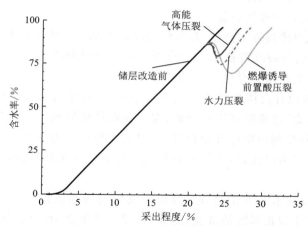

图 8-2 不同储层改造方式采出程度与含水率关系曲线

8.3 复杂块状特低渗油藏储层改造与注采工程关键技术展望

8.3.1 复杂块状特低渗油藏储层改造关键技术展望

从 1871 年美国发现勃莱德福油田起,国外对低渗油藏的开发已有 100 多年的历史。国外如美国等,国内如长庆、胜利等多个低渗砂岩油藏早期大都利用天然能量"衰竭式"开发,但具有压力下降快、采收率不高的缺陷,部分油田采取注水保持压力、注气、压裂酸化等多种开采方式。无论采取何种方式,首先应掌握本区块的地质特点,针对性地采用相应的方案。分析认为复杂块状低渗油田开发过程中主要存在以下特点。

（1）地质特点。

① 油藏类型较单一,以岩性油藏、构造岩性油藏为主;② 储层物性差、孔隙度小、渗透率

低;③ 孔喉细小、溶蚀孔发育;④ 储层非均质严重;⑤ 油层原始含水饱和度高;⑥ 储层敏感性强;⑦ 裂缝发育。

（2）开采规律。

① 原油性质好、密度小、黏度小;② 以弹性及溶解气驱为主开采时,自然产能低,一般需要进行储层改造;③ 油层天然能量低,产量递减快,采收率低;④ 低含水期含水上升慢,中低含水期是可采储量的主要开采期;⑤ 注水井吸水能力低,启注力高,注水井底附近压力衰竭快,注水困难,油井见效慢;⑥ 天然微裂缝的发育有利于低渗油田开发,但增加了有效注水开发的难度;⑦ 低渗油田具有渗流启动压力梯度高的特点,导致地层压力下降快且压力分布不均,注入水影响范围有限,影响注水开发最后效果;⑧ 油井见水后,采油、采液指数下降快,稳产能力差、采收率低等。

低渗油田开发的关键是提高稳产时间和单井产量,从而有效改善低渗油田开发经济效益。围绕改善低渗油田经济开发效益这一主题,国内外石油工作者做了大量的研究工作并取得了显著的成效,初步形成了以油层改造投产为主体,有效实施注水开发和改善开发效果的新方法以及配套的新技术,并在国内各大油田（尤其是长庆、吉林、新疆、中原等油田）取得了推广应用,获得了明显的经济效益。

从低渗油层非达西渗流特征分析,开发低渗油藏主要应注意以下几个方面:

（1）不断完善储层压裂改造技术。当前压裂技术已经向改善压裂效果优化设计、提高支撑剂效果及多种压裂技术综合化、一体化方向发展。

① 三维模型压裂设计及优化技术。主要集中在:大尺度岩石物理模拟及现场应用,针对压裂裂缝的各种形态、渗流机理进行全面、深入及系统的研究,建立裂缝监测模型与技术体系;数值模拟与岩石物理模拟综合分析技术,对裂缝原位应力状态、分布特征及转向机理进行系统研究及水平段裂缝优化,采用动态管式及静态流变实验仪对压裂液的特性及表征方面进行深入分析。

② 探索新的压裂技术与方法机理。如应力及转向压裂法的扩展机理、压裂滤失机理等。压裂的优化设计主要指裂缝的缝宽、缝高、长度及渗流能力、参数优选及数值模型的优化等。三维模型的精确性体现在将各种压裂因素考虑在内的三维模拟,包括滤失模型、流变模型、温度压力场、应力场、裂缝空间特征等,常常用于复杂低渗储层的压裂设计。

③ 包层支撑剂的出现。各种强度的陶粒、石英砂及包层砂等,可以满足不同类型储层的压裂需要,石英砂的用量达到 60%,陶粒使用量为 30%,而包层砂使用量为 10%。

④ 一体化的大型水力压裂技术。压前储层评价技术,包括室内的岩石物理分析（孔隙度、渗透率及含水饱和度）、测井解释成果、三轴应力分析及计算、井间地震成像等;对储层的整体特性总体评价;无害化压裂液体系的选取,包括添加剂及支撑剂等;压裂裂缝的监测及诊断技术,可采用井下过套管电阻率成像、微地震监测、阻抗技术、非放射性裂缝高度测井等;压后评价技术,产能动态及油藏模拟等。

⑤ 泡沫压裂技术。它分为恒定内相泡沫压裂、混合泡沫及油基泡沫压裂技术。主要为氮气及二氧化碳泡沫压裂,能够在低孔渗储层及水敏性强的储层发挥优势,返排及携砂能力强,油层伤害小,并且还能大幅度提高产能。

⑥ 最优化压裂技术。它是综合考虑油藏的产能动态变化,利用油藏数值模拟、裂缝及

产能模拟手段,以获得最大利润为目的,使得优化设计能够覆盖整个油区的一种方法,并考虑多种结果,最优化选择压裂设计方案。

（2）采用与低渗油藏裂缝系统适应的开发井网及井网部署方式,加强裂缝研究,为井网调整提供科学指导。裂缝是低渗油藏的一把双刃剑,一方面,裂缝提高了油层渗流能力、油井产液能力,增强了水井吸水能力;另一方面,由于裂缝的沟通作用,导致注入水快速推进到油井井底,形成对应油井暴性水淹,油藏水驱程度低。

（3）研究储层伤害机理,恢复油层产能。由于油藏储层物性差、注入水水质不合格,导致油藏水井启动压力上升,吸水能力逐渐变差,甚至注不进;同时由于作业污染等因素,导致油井产液能力下降,注采压差增大,严重影响油藏的正常开发。因此对油藏开展了储层伤害机理研究,并有针对性地实施解堵措施,取得了较好的增产增注效果。

8.3.2　复杂块状特低渗油藏注采工程关键技术展望

由断层遮挡作用而形成的油气聚集称为断块油藏。随着经济的发展,我国对石油的需求量越来越大,断块油田的发现已占相当大的比例。针对复杂块状低渗油田开发的主要特点,注采工程关键技术主要集中在以下方面。

（1）低渗油藏精细描述技术。

运用油藏精细描述技术开展储层微构造研究、精细储层对比、沉积微相研究、储层非均质性评价。对油藏地质进行再认识,根据油水井生产历史和生产动态,利用动态分析、数值模拟等多种方法研究剩余油分布规律,从影响剩余油分布因素入手,确定剩余油分布及类型。通过对油藏的进一步研究把研究成果充分应用到注水、措施挖潜、产能建设等方面。

（2）井网调整技术。

在精细油藏描述基础上,加强井网的完善研究,特别是对河流相储层的沉积变化采取补钻新井、油井转注、水井补孔等方式完善注采井网,提高水驱控制程度。

（3）周期注水技术。

在注水阶段,注入水大部分进入高渗部分,形成高压,高渗部分的水会进入低渗部分驱油;在停注阶段,高渗部分压力下降快,形成低压,低渗部分的油和水排入高渗部分而被采出。

（4）早期注水与合理流压控制技术。

在开发初期采取超前注水,提高油藏压力到原始地层压力的 1.1～1.2 倍,采取稳定注采比开发,可有效降低自然递减率,提高油藏的有效动用率。

（5）调驱、调剖技术。

采用调驱、调剖技术封堵注水井高渗透条带,改善层间、层内、平面上吸水状况。这样可以在砂体和相内进行注采关系调控,改变液流方向,减少无效水循环,驱替低渗储层中的剩余油,降低油井含水,达到提高采收率、改善水驱效果的作用。

参考文献

[1] 李道品. 低渗透砂岩油田开发[M]. 北京:石油工业出版社,1997.

[2] 何文渊. 中国石油储层改造技术的现状与建议[J]. 石油科技论坛,2013,(2):34-38.

[3] 陈家晓. 西峰特低渗油藏超前注水渗流机理及开发技术政策研究[D]. 成都:西南石油大学,2007.

[4] 胡三清. JHY油溶性树脂酸化转向技术研究[J]. 江汉石油学院学报,1996(s):35-38.

[5] 迟洪利,李建东,姚俊涛. 大王北油田低渗透油藏高效开发配套技术的研究应用[J]. 钻采工艺,2003, 26(2):34-36.

[6] 王道富,李忠兴. 特低渗油藏注水开发技术[M]. 北京:石油工业出版社,2001.

[7] 胡文瑞,张世瑞,杨承宗,等. 安塞特低渗透油田开发实践[J]. 西安石油学院学报(自然科学版),1994, 9(1):16-18.

[8] 李敏,王柏郁,高新刚,等. 区块整体压裂技术在探明储量评价中的应用[J]. 大庆石油地质与开发, 2005,25(5):68-70.

[9] 袁旭军,叶晓端,鲍为,等. 低渗透油田开发难点和主要对策[J]. 钻采工艺,2006,29(4):31-34.

[10] 肖卫权,梁杰峰,杨柳. 改善低孔低渗油藏注水技术研究及应用[J]. 海洋石油,2007,27(1):58-63.

[11] 刘强鸿,魏俊,于红岩,等. 超前注水机理及在特低渗透油田开发中的应用[J]. 油气田地面工程, 2008,27(8):25-26.

[12] 王道富,李忠兴,赵继勇,等. 低渗透油藏超前注水理论及其应用[J]. 石油学报,2007,28(6):78-80.

[13] 闫健,张宁生,刘晓娟. 低渗透油田超前注水增产机理研究[J]. 西安石油大学学报(自然科学版), 2008,23(5):44-46.

[14] 田和金,薛中天,李瀁,等. 高能气体压裂联作技术进展[J]. 石油钻采工艺,2002,24(4):67-69.

[15] 杨其彬,马利成,黄侠. 复合压裂技术[J]. 断块油气田,2004,11(1):74-76.

[16] 马新仿. 复合压裂技术研究[J]. 河南石油,2001,15(3):39-41.

[17] 李文魁. 高能气体压裂技术在油气资源开发中的应用研究[J]. 西安工程学院学报,2000,22(2):60-62.

[18] 赵双庆,傅仁军. 高能气体压裂技术在油田的应用[J]. 爆破,2002,19(1):90-91.

[19] 杨宝君,回春兰. 复合压裂技术研究及应用[J]. 石油钻采工艺,1998,20(1):69-73.

[20] 雷群. 浅谈高能气体压裂与水力压裂联作技术[J]. 石油钻采工艺,1999,22(4):17-19.

[21] 文学功. 复合压裂技术在八面河油田的应用前景[J]. 石油天然气学报(江汉石油学院学报),2005,27 (3):506-507.

[22] 刘继华. 火药物理化学性能[M]. 北京:北京理工大学出版社,1997.

[23] 彭培根. 固体推进剂性能及原理[M]. 长沙:国防科学技术大学出版社,1987.

[24] 王德才. 火药学[M]. 南京:南京理工大学出版社,1988.

[25] 杨卫宇,周春虎,赵刚. 高能气体压裂瞬态压力耦合分析[J]. 石油学报,1993,14(3):127-134.

[26] 王安仕,秦发动. 高能气体压裂技术[M]. 西安:西北大学出版社,1998.

[27] 丁雁生. 低渗透油气田/层内爆炸增产技术研究[J]. 石油勘探与开发,2001,28(2):90-96.

[28] 李传乐. 国外油气井/层内爆炸增产技术概述及分析[J]. 石油钻采工艺,2001,23(5):77-78.

[29] 胡朝菊,马洪涛,耿兆华,等. 利用地层测试压力曲线指导油层压裂改造[J]. 特种油气藏,2004,11 (1):72-74.

[30] 东兆星. 高应变率下岩石本构特性的研究[J]. 工程爆破,1999,5(2):6-9.

[31] 杨军. 岩石动态损伤特性实验及爆破模型[J]. 岩石力学与工程学报,2001,20(3):321-322.

[32] 夏昌敬. 冲击载荷下孔隙岩石能量耗散的实验研究[J]. 工程力学,2006,23(9):1-4.

[33] 蒋金宝. 爆炸波对水泥试样损伤破坏的实验研究[J]. 岩土工程学报,2007,29(6):923-925.

[34] 葛涛,王明洋. 坚硬岩石在强冲击荷载作用近区的性状研究[J]. 爆炸与冲击,2007,27(4):306-310.

[35] 林英松. 损伤对爆生气体作用下孔壁岩石开裂规律的影响[J]. 石油钻探技术,2007,35(4):26-27.

[36] 谭成文,王富耻,李树奎,等. 内爆炸加载条件下圆筒的膨胀破裂规律研究[J]. 爆炸与冲击,2003,23(4):602-703.

[37] 李永池,李大红,魏志刚,等. 内爆炸载荷下的圆管变形、损伤和破坏规律性的研究[J]. 力学学报,1999,31(4):442-449.

[38] 康丽霞,王耀华,史长根. 内爆炸载荷下薄壁柱壳膨胀断裂的研究[J]. 爆破器材,2002,31(1):34-37.

[39] 陈建平,高文学. 爆破工程地质学[M]. 北京:科学出版社,2005.

[40] 刘红岩,李俊文,徐留红. 机遇综合考虑损伤与断裂的岩石爆破破坏力学模型[J]. 有色金属,2005,57(1):35-37,40.

[41] 杨小林,王梦恕. 爆生气体作用下岩石裂纹的扩展机理[J]. 爆炸与冲击,2001,21(2):111-116.

[42] 卢文波,陶振宇. 爆生气体驱动的裂纹扩展速度研究[J]. 爆炸与冲击,1994,14(3):264-267.

[43] 陈莉静,李宁,王俊奇. 高能复合射孔爆生气体作用下预存裂缝起裂扩展研究[J]. 石油勘探与开发,2005,32(6):91-93,120.

[44] 王安仕,刘发喜. 高能气体压裂液体火药理论配方优选设计[J]. 西安石油学院学报,1994,9(4):4-6.

[45] 王安仕. 高能气体压裂用液体药点火与爆燃研究[J]. 西安石油学院学报,1995,10(3):55-57.

[46] 杨建华,袁根群,钱伟平,等. 液态火药高能压裂增产机理及应用[J]. 油气井测试,1999,8(4):59-62.

[47] 叶显军,张惠生,田国理. 液体火药高能气体压裂技术研究和在深层油气藏中的应用[J]. 石油勘探与开发,2000,27(3):67-71.

[48] 杨永超,付成慧,王渝东. 液体火药高能气体压裂研究及应用[J]. 油气采收率技术,1999,6(2):61-64.

[49] 叶显军,郭新河,毛书军. 液体火药高能气体压裂在深层油气藏中的应用[J]. 断块油气田,1999,7(2):41-43.

[50] 刘发喜,张新庆. 液体药高能气体压裂及其发展方向[J]. 河南石油,2000(2):29-31.

[51] 田和金,张新庆,张杰. 液体药高能气体压裂技术[J]. 天然气工业,2004,24(9):75-79.

[52] 李伟翰,颜红侠,王世英. 多脉冲高能气体压裂-热化学解堵综合增产技术[J]. 油田化学,2005,22(3):223-226.

[53] 张杰,张伟峰,宋和平. 多脉冲高能气体压裂-二氧化氯复合解堵技术研究[J]. 西安石油学院学报(自然科学版),2003,18(3):21-24.

[54] 张荣,张兰芳,郑勇,等. 多脉冲造缝与酸化联作技术研究与应用[J]. 石油钻采工艺,2007,30(2):109-111.

[55] 王艳萍,黄寅生,潘永新. 复合射孔技术的现状与趋势[J]. 爆破器材,2002,31(3):30-33.

[56] 刁刚田,刘志华,周家驹. 复合射孔技术的应用[J]. 石油钻采工艺,2003,26(6):30-33.

[57] 赵开良,罗仁杰,于敬文. 复合射孔技术及其应用[J]. 断块油气田,2000,7(2):62-64.

[58] 吴飞鹏,蒲春生,陈德春,等. 射孔油井产能计算模型研究[J]. 石油钻探技术,2008,36(1):69-72.

[59] 吴飞鹏,蒲春生,王香增,等. 套管井井周应力分布及其影响因素分析[J]. 石油天然气学报,2008,30(4):114-118.

[60] 吴飞鹏,蒲春生,任山,等. 燃爆诱导酸化压裂在川西气井中的先导试验[J]. 中国石油大学学报,

2008,32(6):101-103,108.

[61] 吴飞鹏,蒲春生,陈德春,等.高能气体压裂合理装药量的设计与应用[J].石油钻探技术,2009,37(1):80-83.

[62] 吴飞鹏,蒲春生,吴波.高能气体压裂中压挡液柱运动解析模型研究[J].石油钻采工艺,2009,31(3):82-84.

[63] 吴飞鹏,陈德春,蒲春生,等.抽油机井示功图量化分析与计算[J].广西大学学报,2008,33(2):173-175.

[64] 吴飞鹏,陈德春,蒲春生,等.蒸汽吞吐井流入动态的数据挖掘研究[J].西南石油学院学报,2008,30(6):165-168.

[65] 吴飞鹏,陈德春.稠油蒸汽吞吐井周期产油量影响因素分析及预测模型研究[C].高含水期油藏提高采收率国际会议论文集,2007:302-305.

[66] 徐洪波,高立峰,宋连东.大庆油田提高酸化效果的几项措施[J].海洋石油,2005,25(1):55-58.

[67] 刘云,宋庆伟,苟红,等.注水井解堵增注工艺技术在文南油田的应用[J].钻采工艺,2008,31(4):132-134.

[68] 郑延成,赵修太,王任芳,等.南阳油田缓速酸酸化技术研究及应用[J].钻采工艺,1999,22(4):20-23.

[69] 康文芳.注水井复合解堵工艺技术[J].油气田地面工程,2003,22(9):22.

[70] 沈燕来,关德,刘德华.渤海绥中36-1油田注水井堵塞原因分析及解堵增注试验[J].油气采收率技术,1999,6(4):57-61.

[71] 周迎菊,宋淑娥,刘武友.氨基磺酸-氟化氢铵酸化液用于注水井解堵[J].油田化学,1995,12(3):230-233.

[72] 赵玲莉,刘应根,张胜林,等.低渗油藏注水井化学解堵增注技术[J].新疆石油学院学报,2004,16(2):35-38.

[73] 陈钢,魏建军,王树军,等.砂岩油藏注水井深部酸化技术[J].石油钻采工艺,2007,29(3):45-48.

[74] 易飞,赵秀娟,刘文辉,等.渤海油田注水井解堵增注技术[J].石油钻采工艺,2004,26(5),53-56.

[75] 姜贵璞,王丽敏,王卫学,等.杏北地区注水井油层堵塞实验及酸化方法[J].大庆石油学院学报,2005,29(4):46-50.

[76] 纪淑玲,刘小忠,祁万顺,等.氧化剂复合解堵技术在注水井酸化增注中的应用[J].科技创新导报,2009(10):73.

[77] 陈高松,陈根强.钙质砂岩地层的磷酸酸化研究[J].油田化学,1991,8(3):211-214.

[78] 方垭.油气井酸化工作液[J].钻采工艺,1993,16(3):69-74.

[79] 马喜平.提高酸化效果的缓速酸[J].钻采工艺,1996,19(1):55-62.

[80] 舒玉华.新型砂岩酸化液体系[J].钻井液与完井液,1995,12(4):53-55.

[81] 李大建,胡晓威,宁仲宏,等.西峰油田长8储层裂缝特征及对生产影响探讨[J].内蒙古石油化工,2008,34(20):128-132.

[82] 埃克诺米德斯,希尔.石油开采系统[M].金友煌,译.北京:石油工业出版社,1998.

[83] 郑清远.表外储油层酸化防膨剂的评价及效果分析[J].大庆石油地质与开发,1992,11(3):59.

[84] 邹远北,周隆斌,裴春,等.高温深层缓速酸化优化研究及应用[J].石油钻采工艺,2003,25(4):61-63.

[85] 杨士超,屈人伟,秦守栋,等.砂岩缓速酸室内研究[J].海洋石油,2002(2):28-35.

[86] 姜红金.高温缓速酸解堵技术研究与应用[J].断块油气田,2005,12(4):78-79.

[87] 李克向.保护油气层钻井固井技术[M].北京:石油工业出版社,1993.

[88] 张绍槐,罗平亚.保护储集层技术[M].北京:石油工业出版社,1993.

[89] 吴大康,刘丽丽,薛俊林,等.合水油田复合缓速酸酸化技术研究[J].长江大学学报(自然科学版),2011,8(10):41-43.

[90] 蒲春生,郭艳萍,肖曾利,等.新型深穿透酸液体系在西峰油田长8特低渗透储层中的应用[J].油气地质与采收率,2008,15(6):95-101.

[91] 王北福.无伤害压裂液的研究[D].大庆:大庆石油学院,2003.

[92] 尹凤龙.榆树林油田增效压裂工艺技术研究[D].大庆:大庆石油学院,2003.

[93] 熊湘华.低压低渗透油气田的低伤害压裂液研究[D].成都:西南石油学院,2003.

[94] 贺承祖,华明琪.压裂液对储层的损害及其抑制方法[J].钻井液与完井液,2003,20(1):49-53.

[95] 王国强,冯三利,崔会杰.清洁压裂液在煤层气井压裂中的应用[J].天然气工业,2006,23(4):104-106.

[96] 任占春,孙慧毅,秦利平.羟丙基瓜尔胶压裂液的研究及应用[J].石油钻采工艺,1996,18(1):82-88.

[97] 李爱山,杨彪,马利成,等.VES-SL黏弹性表面活性剂压裂液的研究及现场应用[J].油气地质与采收率,2006,13(6):97-100.

[98] 丁昊明,戴彩丽,由庆,等.耐高温FRK-VES清洁压裂液性能评价[J].油田化学,2011,28(3):318-322.

[99] 杨建军,叶仲斌,张绍彬,等.新型低伤害压裂液性能评价及现场试验[J].天然气工业,2004,24(2):61-63.

[100] 赵波,贺承祖.黏弹性表面活性剂压裂液的破胶作用[J].新疆石油地质,2007,28(1):82-84.

[101] 曾晓慧,郭大立,王祖文,等.压裂液综合滤失系数的计算方法研究[J].西南石油学院学报,2005,27(5):53-56.

[102] 王均,何兴贵,周小平,等.黏弹性表面活性剂压裂液新技术进展[J].西南石油大学学报(自然科学版),2009,31(2):125-129.

[103] 陶涛,林鑫,方绪祥,等.煤层气井压裂伤害机理及低伤害压裂液研究[J].重庆科技学院学报(自然科学版),2011,13(2):21-23.

[104] 陈凯,蒲万芬.新型清洁压裂液的室内合成及性能研究[J].中国石油大学学报(自然科学版),2006,30(4):107-110.

[105] 周际春,叶仲斌,赖南君.酸性条件下交联的新型压裂液增稠剂[J].海洋地质动态,2008,24(5):40-42.

[106] 汪永利,丛连铸,李安启,等.煤层气井用压裂液技术研究[J].煤田地质与勘探,2002,30(6):27-31.

[107] 张文胜.新型压裂液破胶剂的研究与应用[J].钻井液与完井液,2002,19(4):10-12.

[108] 苑光宇,侯吉瑞,罗焕,等.清洁压裂液的研究与应用现状及未来发展趋势[J].日用化学工业,2012,42(4):288-292.

[109] 韩松,张浩,张凤娟,等.大庆深层致密气藏高温压裂的研制与应用[J].大庆石油学院学报,2006,30(1):34-38.

[110] 丁里,吕海燕,赵文,等.阴离子表面活性剂压裂液的研制及在苏里格气田的应用[J].石油与天然气化工,2010,39(4):316-319.

[111] 张文宗,庄照锋,孙良田,等.中高温清洁压裂液在卫11-53井应用研究[J].天然气工业,2006,26(11):110-112.

[112] 朱鸿亮,郎学军,李补鱼.低渗气藏低伤害压裂液技术研究与应用[J].石油钻采工艺,2004,26(6):54-58.

[113] 李健萍,王稳桃,王俊英,等.低温压裂液及其破胶技术研究与应用[J].特种油气藏,2009,16(2):

72-75.

[114] 李曙光,郭大立,赵金洲,等. 表面活性剂压裂液机理与携砂性能研究[J]. 西南石油大学学报(自然科学版),2011,33(3):133-136.

[115] 周成裕,陈馥,黄磊光. 一种疏水缔合物压裂液稠化剂的室内研究[J]. 石油与天然气化工,2008,37(1):62-64.

[116] 洪怡春. 低伤害水基压裂液体系研究[D]. 长春:吉林大学,2006.

[117] 刘忠运,颜娜,伍锐东,等. 黏弹性表面活性剂压裂液在低渗油田的应用现状[J]. 化学工业与工程技术,2010,31(3):39-43.

[118] 关中原. 硼交联水基冻胶压裂液的研究发展现状[J]. 西安石油学院学报(自然科学版),1997,12(1):53-56.

[119] 郑晓军,苏君惠,徐春明. 水基压裂液对储层伤害性研究[J]. 应用化工,2009,38(11):1623-1628.

[120] 杨珍,秦文龙,杨江,等. 一种阳离子双子表面活性剂压裂液的研究及应用[J]. 钻井液与完井液,2013,30(6):64-67.

[121] 龙政军. 压裂液性能对压裂效果的影响分析[J]. 钻采工艺,1999,22(1):49-52.

[122] 冯利娟,郭大立,曾晓慧,等. 煤层应力敏感性及其对压裂液滤失的影响[J]. 煤田地质与勘探,2010,38(2):14-17.

[123] 孙彦波,赵贤俊,于克利,等. 清洁压裂液及其在大庆油田的应用[J]. 化学工程师,2007,21(7):35-36.

[124] 李勇明,纪禄军,郭建春,等. 压裂液滤失的二维数值模拟[J]. 西南石油学院学报,2000,22(2):43-45.

[125] 周亚军,王淑杰,于庆宇,等. 玉米变性淀粉压裂液稠化剂的研制[J]. 吉林大学学报(工学版),2003,33(3):64-67.

[126] 张士诚,庄照锋,李荆,等. 天然气对清洁压裂液的破胶实验[J]. 天然气工业,2008,28(11):85-87.

[127] 李勇明,郭建春,赵金洲,等. 裂缝性气藏压裂液滤失模型的研究及应用[J]. 石油勘探与开发,2004,31(5):120-122.

[128] 吴文刚,陈大钧,亮艳,等. 一种自生气压裂液的室内研究[J]. 钻井液与完井液,2007,24(6):55-57.

[129] 李林地,张士诚,徐卿莲. 无伤害 VES 压裂液的研制及其应用[J]. 钻井液与完井液,2011,28(1):52-54.

[130] 汪全林,廖新武,赵秀娟,等. 特低渗油藏水平井与直井注采系统差异研究[J]. 断块油气田,2012,19(5):608-611.

[131] 刘伟伟,苏月琦,王茂文,等. 特低渗油藏压裂井注采井距与注水见效关系[J]. 断块油气田,2012,19(6):736-739.

[132] 刘军全. 特低渗长 3 油藏合理注采比研究及开发对策[J]. 石油地质与工程,2010,24(5):73-75.

[133] 张岩. 下寺湾油田柴 44 井区长 6 油藏注采调整治理技术研究[D]. 西安:长安大学,2012.

[134] 王敬,刘慧卿,刘仁静,等. 考虑启动压力和应力敏感效应的低渗、特低渗油藏数值模拟研究[J]. 岩石力学与工程学报,2013,32(s2):3317-3327.

[135] 张翠萍,李庆印,文志刚. 鄂尔多斯盆地三叠系特低渗油藏优化注采井网[J]. 石油天然气学报(江汉石油学院学报),2005,27(4):669-670.

[136] 龙光华. 坪北油田特低渗油藏开发方式调整研究[D]. 荆州:长江大学,2012.

[137] 朱玉双,曲志浩,孙卫,等. 低渗、特低渗油田注水开发见效见水受控因素分析——以鄯善油田、丘陵油田为例[J]. 西北大学学报(自然科学版),2003,33(3):311-314.

[138] 吴春新. 特低渗油藏开发方式优化研究[D]. 青岛:中国石油大学(华东),2011.

[139] 韩洪宝,程林松,张明禄,等.特低渗油藏考虑启动压力梯度的物理模拟及数值模拟方法[J].石油大学学报(自然科学版),2004,28(6):49-53.

[140] 李忠兴,韩洪宝,程林松,等.特低渗油藏启动压力梯度新的求解方法及应用[J].石油勘探与开发,2004,31(4):107-109.

[141] 马欣本,蔡刚,王志云.韦2块低渗-特低渗油藏高速高效开发技术[J].西南石油学院学报,2003,25(3):19-21.

[142] 苏玉亮,吴春新,吴晓东.特低渗油藏不同开发方式室内实验研究[J].实验力学,2011,26(4):442-446.

[143] 高辉,孙卫,李建强.特低渗砂岩储层临界启动渗透率分析[J].西安石油大学学报(自然科学版),2010,25(3):38-40.

[144] WU FEIPENG, PU CHUNSHENG, CHEN DECHUN, et al. Coupling simulation of multistage pulse conflagration compression fracturing. Petroleum Exploration and Development,2014,41(5):605-611.

[145] 吴飞鹏,蒲春生,陈德春,等.多级脉冲爆燃压裂作用过程耦合模拟[J].石油勘探与开发,2014,41(5):605-611.

[146] 蒲春生,陈庆栋,吴飞鹏,等.致密砂岩油藏水平井分段压裂布缝与参数优化[J].石油钻探技术,2014,42(6):73-79.

[147] 石道涵,张兵,于浩然,等.致密油藏低伤害醇基压裂液体系的研究与应用[J].陕西科技大学学报(自然科学版),2014,32(1):101-104.

[148] 石道涵,张兵,何举涛,等.鄂尔多斯长7致密砂岩储层体积压裂可行性评价[J].西安石油大学学报(自然科学版),2014,29(1):52-55.

[149] 任杨,吴飞鹏,蒲春生,等.深井延迟长脉冲燃爆压裂火药优配与评价[J].陕西科技大学学报(自然科学版),2014,32(4):84-88.

[150] 任杨,吴飞鹏,蒲春生,等.长脉冲燃爆压裂复合燃速火药配方优化与应用[J].科学技术与工程,2014,14(24):68-73.

[151] 刘静,蒲春生,张鹏,等.燃爆诱导压裂油井产能计算模型[J].应用化工,2012,41(11):2016-2018.

[152] 任山,蒲春生,慈建发,等.深层致密气藏异常高破裂压力储层复合改造新工艺[J].钻采工艺,2011(3):41-43.

[153] 吴飞鹏,蒲春生,陈德春.高能气体压裂载荷计算模型与合理药量确定方法[J].中国石油大学学报(自然科学版),2011,34(3):94-98.

[154] 裴润有,蒲春生,吴飞鹏,等.胡尖山油田水力压裂效果模糊综合评判模型[J].特种油气藏,2010,17(2):109-110,119.

[155] 吴飞鹏,蒲春生,吴波.燃爆压裂中压挡液柱运动规律的动力学模型[J].爆炸与冲击,2010,30(6):633-640.

[156] 蒲春生,裴润有,吴飞鹏,等.胡尖山油田水力压裂效果灰色关联评价模型[J].石油钻采工艺,2010,32(4):54-56.

[157] 周敏,蒲春生,王香增,等.高能气体压裂弹燃气组分安全性试验评价研究[J].石油天然气学报,2009,31(2):126-129.

[158] 蒲春生,任山,吴飞鹏,等.气井高能气体压裂裂缝系统动力学模型研究[J].武汉工业学院学报,2009,28(3):12-17.

[159] 温庆志,蒲春生.启动压力梯度对压裂井生产动态影响研究[J].西安石油大学学报(自然科学版),2009,24(4):50-53,64.

[160] 吴飞鹏,蒲春生,陈德春,等.燃爆强加载条件下油井破裂压力试验研究[J].岩石力学与工程学报,2009,28(s2):3430-3434.

[161] 温庆志,蒲春生,曲占庆,等.低渗透、特低渗透油藏非达西渗流整体压裂优化设计[J].油气地质与采收率,2009,16(6):102-104,107.

[162] 蒲春生,周少伟.高能气体压裂最佳火药量理论计算[J].断块油气田,2008,15(1):55-57.

[163] 肖曾利,蒲春生,秦文龙.低渗砂岩油藏压力敏感性实验[J].断块油气田,2008,15(2):47-48.

[164] 蒲春生,孙志宇,王香增,等.多级脉冲气体加载压裂技术[J].石油勘探与开发,2008,35(5):636-639.

[165] 孙志宇,蒲春生,罗明良,等.水平井多级脉冲气体加载压裂及产能评价[J].西南石油大学学报(自然科学版),2008,30(5):104-107.

[166] 张荣军,蒲春生,陈军斌.物质平衡中的线性处理方法研究[J].钻采工艺,2007,30(2):62-64.

[167] 秦文龙,蒲春生.高能气体压裂中 CO 气体生成富集规律[J].石油钻采工艺,2007,29(3):42-44.

[168] 秦文龙,蒲春生,肖曾利,等.高能气体压裂中 CO 气生成及井口聚散规律研究[J].油田化学,2007,24(2):127-130.

[169] 秦文龙,陈智群,蒲春生.高能气体压裂弹燃气安全性评价[J].西安石油大学学报(自然科学版),2007,22(4):53-55,59.

[170] 蒲春生,孙志宇,王香增.多级脉冲气体加载压裂裂缝扩展及增产效果分析[J].大庆石油地质与开发,2007,26(6):99-101,106.

[171] 蒲春生,秦文龙,邹鸿江,等.高能气体压裂增产措施中一氧化碳气体生成机制[J].石油学报,2006,27(6):100-102.